TEUBNER-TEXTE zur Informatik   Band 19

I. Biehl

Eine Grundlegung der Average-Case Komplexitätstheorie

TEUBNER-TEXTE zur Informatik

Herausgegeben von
Prof. Dr. Johannes Buchmann, Darmstadt
Prof. Dr. Udo Lipeck, Hannover
Prof. Dr. Franz J. Rammig, Paderborn
Prof. Dr. Gerd Wechsung, Jena

Als relativ junge Wissenschaft lebt die Informatik ganz wesentlich von aktuellen Beiträgen. Viele Ideen und Konzepte werden in Originalarbeiten, Vorlesungsskripten und Konferenzberichten behandelt und sind damit nur einem eingeschränkten Leserkreis zugänglich. Lehrbücher stehen zwar zur Verfügung, können aber wegen der schnellen Entwicklung der Wissenschaft oft nicht den neuesten Stand wiedergeben.

Die Reihe „TEUBNER-TEXTE zur Informatik" soll ein Forum für Einzel- und Sammelbeiträge zu aktuellen Themen aus dem gesamten Bereich der Informatik sein. Gedacht ist dabei insbesondere an herausragende Dissertationen und Habilitationsschriften, spezielle Vorlesungsskripten sowie wissenschaftlich aufbereitete Abschlußberichte bedeutender Forschungsprojekte. Auf eine verständliche Darstellung der theoretischen Fundierung und der Perspektiven für Anwendungen wird besonderer Wert gelegt. Das Programm der Reihe reicht von klassischen Themen aus neuen Blickwinkeln bis hin zur Beschreibung neuartiger, noch nicht etablierter Verfahrensansätze. Dabei werden bewußt eine gewisse Vorläufigkeit und Unvollständigkeit der Stoffauswahl und Darstellung in Kauf genommen, weil so die Lebendigkeit und Originalität von Vorlesungen und Forschungsseminaren beibehalten und weitergehende Studien angeregt und erleichtert werden können.

TEUBNER-TEXTE erscheinen in deutscher oder englischer Sprache.

Eine Grundlegung der Average-Case Komplexitätstheorie

Von Dr. Ingrid Biehl
Universität des Saarlandes

B. G. Teubner Verlagsgesellschaft
Stuttgart · Leipzig 1996

Dr. Ingrid Biehl

Geboren 1966 in St. Ingbert. Von 1985 bis 1990 Studium der Informatik und der Mathematik an der Universität des Saarlandes in Saarbrücken. Von 1990 bis 1993 Förderung durch ein Promotionsstipendium der Deutschen Forschungsgemeinschaft im Rahmen des Graduiertenkollegs Informatik im Fachbereich Informatik der Universität des Saarlandes. Promotion 1993. Seit 1993 wissenschaftliche Assistentin im Fachbereich Informatik der Universität des Saarlandes. Arbeitsschwerpunkte: strukturelle Komplexitätstheorie, Kryptographie und algorithmische Zahlentheorie.

Gedruckt auf chlorfrei gebleichtem Papier.

Die Deutsche Bibliothek – CIP-Einheitsaufnahme

Biehl, Ingrid:
Eine Grundlegung der Average-case-Komplexitätstheorie /
von Ingrid Biehl. – Stuttgart ; Leipzig : Teubner, 1996
  (Teubner-Texte zur Informatik ; 19)
ISBN 978-3-8154-2301-1   ISBN 978-3-322-93465-9 (eBook)
DOI 10.1007/978-3-322-93465-9

NE: GT

Umschlaggestaltung: E. Kretschmer, Leipzig

Vorwort

Dieses Buch hat die sogenannte *average-case Komplexitätstheorie* zum Gegenstand, ein vergleichsweise junges Gebiet der strukturellen Komplexitätstheorie.

Die "klassische" strukturelle Komplexitätstheorie untersucht, wie schwierig ein algorithmisches Problem im schwierigsten Fall (*worst-case*) ist. Ein solches algorithmisches Problem ist zum Beispiel das *Traveling Salesman Problem*: gegeben eine Menge von Städten mit einer Entfernungstabelle, man suche die kürzeste Route, die einen Handlungsreisenden alle Städte genau einmal besuchen läßt und ihn an seinen Ausgangsort zurückbringt. Jede konkrete Entfernungstabelle ist eine sogenannte *Probleminstanz* des obigen, allgemeinen Problems. Vom Traveling Salesman Problem wird angenommen, daß es im worst-case sehr schwierig ist, d.h., jeder Algorithmus, der zu jeder Probleminstanz eine Lösung findet, benötigt für einige "schwierige" Eingaben eine sehr lange Laufzeit. In der Praxis beobachtet man aber häufig bei derartigen worst-case schwierigen Problemen, daß man die tatsächlich auftretenden Probleminstanzen in sehr kurzer Zeit lösen kann, daß also das Auftreten von schwierigen Probleminstanzen sehr unwahrscheinlich ist. Unterliegt die Eingabe einer Wahrscheinlichkeitsverteilung, so ist es daher wichtig zu wissen, wie die *mittlere* Laufzeit eines Algorithmus zum Lösen des Problems aussieht. Man interessiert sich somit dafür, wie aufwendig die Problemlösung *im Mittel* ist, d.h. zum Beispiel welche *mittlere* Laufzeit ein optimaler Lösungsalgorithmus hat. Die *average-case Komplexitätstheorie* beschäftigt sich mit der Frage nach dem mittleren Aufwand, der zum Lösen einer Probleminstanz notwendig ist, wenn die Probleminstanzen einer gegebenen Verteilung unterliegen. Dabei stehen nicht einzelne konkrete Probleme und Verteilungen im Zentrum der Untersuchungen, sondern es sollen vielmehr allgemeine Zusammenhänge ähnlich denen, die in der worst-case Komplexitätstheorie untersucht werden, aufgedeckt werden. So ist zum Beispiel die Frage, ob es auch im average-case Fall Problemstellungen gibt, die den *NP*-vollständigen Problemen entsprechen, ein wichtiger Untersuchungsgegenstand. Im vorliegenden Buch wird ein allgemeiner Rahmen für eine solche Theorie entwickelt und eine Reihe möglichst allgemeiner Resultate innerhalb dieses Rahmens hergeleitet.

Die vorliegende Arbeit besteht zum größten Teil aus Ergebnissen meiner Dissertation, die durch ein Stipendium der Deutschen Forschungsgemeinschaft im Graduiertenkolleg "Informatik" an der Universität des Saarlandes gefördert wurde. Mein besonderer Dank gebührt daher der Deutschen Forschungsgemeinschaft für ihre freundliche Unterstützung.

Herrn Professor Buchmann (Technische Universität Darmstadt) möchte ich herzlich für die Betreuung meiner Dissertation danken. Er nahm sich stets die Zeit, meine

Arbeit durch Ratschläge, Diskussionen und Verbesserungsvorschläge zu unterstützen.

Auch Herrn Professor Mehlhorn (Max-Planck-Institut für Informatik, Saarbrücken) bin ich für sein Interesse an meiner Arbeit sehr dankbar.

Herr Professor Book (University of California at Santa Barbara) hat durch seine Vorlesung über strukturelle Komplexitätstheorie im Wintersemester 1991 mein Interesse und mein Verständnis für die Theorie der Complexity Cores sehr gefördert. Ich danke ihm herzlich für sein Engagement und seine Hilfe.

Besonders dankbar bin ich auch meiner Familie und meinem Freundeskreis. Insbesondere mein Ehemann Volker Biehl und meine Schwiegereltern Eberhard und Brigitte Biehl haben mich stets tatkräftig unterstützt.

Schließlich danke ich besonders herzlich meinen lieben Kollegen und Freunden Christian Thiel, Christoph Thiel und Bernd Meyer. Sie haben mir durch ihr Interesse an meiner Arbeit, durch ihre stete Bereitschaft zu Diskussionen, durch viele konstruktive Vorschläge und nicht zuletzt durch ihr sorgfältiges Korrekturlesen sehr geholfen. Herrn Meyer bin ich besonders für die gründliche und zeitaufwendige Korrekur der Buchversion zu Dank verpflichtet.

Saarbrücken, Juni 1996   Ingrid Biehl

Inhalt

Kapitel 1

Einleitung

1.1 Motivation und Überblick

In der "klassischen" Komplexitätstheorie untersucht man, wie schwierig ein algorithmisches Problem im schwierigsten Fall (*worst-case*) ist. In der Praxis ist es aber unter Umständen wesentlich wichtiger zu wissen, wie aufwendig die Problemlösung *im Mittel* ist, d.h. zum Beispiel welche *mittlere* Laufzeit ein Lösungsalgorithmus hat, wenn die Eingaben einer bestimmten Verteilung unterliegen. Dies soll kurz an einem Beispiel erläutert werden.

Das Problem, zu erkennen, ob ein gegebener Graph *dreifärbbar* ist, d.h. ob eine Markierung der Knoten mit drei verschiedenen Farben existiert, so daß keine zwei durch eine Kante verbundenen Knoten die gleiche Farbe haben, wird *Dreifärbbarkeitsproblem* genannt. Es ist nicht bekannt, ob das Dreifärbbarkeitsproblem zur Klasse P, der in Polynomzeit entscheidbaren Probleme, gehört. Für jede vorgeschlagene Färbung eines Graphen kann man aber in Polynomzeit entscheiden, ob sie eine korrekte Dreifärbung ist. Somit gehört das Dreifärbbarkeitsproblem zu NP, der Klasse von Problemen, deren Lösungen sich in Polynomzeit verifizieren lassen. Es ist sogar NP-vollständig (vergleiche [14]), d.h. falls $P \neq NP$ gilt, gibt es keinen Lösungsalgorithmus für das Dreifärbbarkeitsproblem, dessen Laufzeit an allen Eingaben polynomiell beschränkt ist. Die NP-vollständigen Probleme gelten deshalb als besonders schwer. Allerdings bezieht sich diese Aussage nur auf die worst-case Situation. Es gibt nämlich Graphen, für die man in sehr kurzer Zeit entscheiden kann, ob sie dreifärbbar sind oder nicht. Je nachdem, mit welcher Wahrscheinlichkeit "schwierige" und "einfache" Eingaben für einen Entscheidungsalgorithmus auftreten, ist die Problemlösung *im Mittel* mehr oder weniger aufwendig. H. S. Wilf gibt in [45] für eine bestimmte Verteilung auf den Eingabegraphen einen Algorithmus an, der das Dreifärbbarkeitsproblem löst und dessen erwartete Laufzeit *konstant* ist. Einen Überblick über eine Vielzahl solcher Resultate findet man in [22].

Selbst wenn $P \neq NP$ gilt, könnte es dennoch zu jedem NP-Problem und jeder in der "Praxis" auftretenden Verteilung einen Lösungsalgorithmus geben, dessen Laufzeit bei dieser Eingabeverteilung im Mittel polynomiell beschränkt ist.

Diese Beobachtungen lassen es sinnvoll erscheinen, eine *average-case Komplexitätstheorie* zu entwickeln. Gegenstand des vorliegenden Buches ist die Entwicklung eines allgemeinen Rahmens für eine solche Theorie und die Herleitung einer Reihe möglichst allgemeiner Resultate innerhalb dieses Rahmens.

In der Literatur gibt es unter anderem folgende Beiträge zu diesem Thema: Leonid A. Levin stellt 1984 in [26] eine Definition für den Begriff *im Mittel polynomielle Laufzeit* vor. In seinem Modell gelingt es Levin, eine Reduktionstheorie zu entwickeln und die Existenz eines vollständigen Problems nachzuweisen. Seit 1984 haben eine Reihe von Autoren die für die Levinsche Theorie entscheidende Definition von *im Mittel polynomielle Laufzeit* diskutiert. (Vergleiche dazu zum Beispiel [15], [39] und [18].) Es war jedoch nicht klar, ob es weitere, sinnvolle Definitionen dieses Begriffes gibt, die von der Levinschen Definition verschieden sind. Daher regte O. Goldreich in [15] an, nach alternativen Definitionen zu suchen, die ebenso wie das Levinsche Modell zu einer an Ergebnissen reichen *average-case* Komplexitätstheorie führen. In [28] stellen R. Reischuk und Ch. Schindelhauer ein vom Levinschen Modell abweichendes average-case Modell vor, auf das wir am Ende des zweiten Kapitels kurz eingehen werden.

Im zweiten Kapitel dieses Buches untersuchen wir die Frage, welche "natürlichen" Eigenschaften ein *average-case Modell* haben sollte. Hat in einem solchen Modell ein Algorithmus eine im Mittel polynomielle Laufzeit bezüglich einer bestimmten Eingabeverteilung, so verlangen wir zum Beispiel, daß dieser Algorithmus in dem Modell auch dann eine im Mittel polynomielle Laufzeit hat, wenn die Wahrscheinlichkeiten für die "leichten" Eingaben größer und entsprechend die Wahrscheinlichkeiten für die "schwierigen" Eingaben geringer werden. Modelle, die diese natürlichen Eigenschaften haben, heißen *starke average-case Modelle*. Wir zeigen, daß es Beispiele für solche Modelle gibt. Es stellt sich heraus, daß das Levinsche Modell kein starkes average-case Modell ist. Wir schwächen daher die Bedingungen ab, die ein Modell erfüllen muß, damit es ein starkes average-case Modell ist, und erhalten die Klasse der sogenannten *schwachen average-case Modelle*. Die Eigenschaften der schwachen average-case Modelle genügen, um eine Reihe wichtiger komplexitätstheoretischer Resultate für diese zu zeigen. Wir geben einige Beispiele für schwache average-case Modelle an. Unter anderem entwickeln wir aus dem Levinschen Modell ein schwaches average-case Modell, das sogenannte *erweiterte Levinsche Modell.*

Im dritten Kapitel führen wir eine Reihe technischer Begriffe wie *Dominanz von Dichten* und *universelle Dichten* ein. Wir stellen verschiedene Klassen von Verteilungen vor und geben Beziehungen zwischen diesen Klassen an.

Wir zeigen im vierten Kapitel, daß wichtige aus der worst-case Komplexitätstheorie bekannte Zusammenhänge für alle schwachen average-case Modelle gelten. Zu diesen Resultaten gehören die Beziehungen zwischen *mittlerem Platz-* und *mittlerem Zeitbedarf* von deterministischen bzw. nichtdeterministischen Turingmaschinen.

Während wir zum Beweis der genannten Resultate Techniken aus der klassischen Komplexitätstheorie verwenden können, führen diese beim Versuch, Hierarchiesätze für schwache average-case Modelle zu zeigen, nicht zum Ziel. Hierzu benötigen wir die Theorie der *Complexity Cores* (vergleiche [11]) bzw. die der *Strong Complexity Cores*.

Ein Complexity Core für eine nicht in Polynomzeit entscheidbare Sprache L ist eine unendliche Menge von Strings, so daß jeder Lösungsalgorithmus für L mehr als polynomielle Laufzeit an fast allen (d.h. allen bis auf endlich vielen) Eingaben aus dieser Menge benötigt. Bezüglich einer Verteilung, die die Elemente eines Complexity Cores für L besonders bevorzugt, haben daher alle Lösungsalgorithmen für L auch ein im Mittel schlechtes Laufzeitverhalten. Damit wird aber keine Aussage über die Laufzeit von Algorithmen gemacht, die die Sprachzugehörigkeit nur bei den mit positiver Wahrscheinlichkeit auftretenden Eingaben korrekt entscheiden. Wir entwickeln daher die Theorie der *Strong Complexity Cores*. Ist S eine unendliche Menge von Strings und ist $\mathcal{A}$ die Menge aller Algorithmen, die für alle Eingaben aus S die Sprachzugehörigkeit zu L korrekt entscheiden, dann ist S ein Strong Complexity Core für L, wenn alle Algorithmen aus $\mathcal{A}$ an fast allen Eingaben aus S mehr als polynomielle Laufzeit verbrauchen. Treten nur Strings mit positiver Wahrscheinlichkeit auf, die Elemente eines solchen Strong Complexity Cores sind, so hat jeder Algorithmus, der an allen diesen Eingaben das korrekte Ergebnis liefert, eine im Mittel schlechte Laufzeit. Wir zeigen die Existenz von (rekursiven) Complexity Cores und die Existenz von (rekursiven) Strong Complexity Cores und benutzen diese, um Hierarchiesätze in schwachen average-case Modellen zu beweisen.

Wir schließen das vierte Kapitel mit Untersuchungen zum Zusammenhang zwischen worst-case und average-case Komplexitätstheorie.

Im fünften Kapitel entwickeln wir eine Reduktions- und Vollständigkeitstheorie für schwache average-case Modelle und verweisen im letzten Kapitel auf weiterführende Literatur zum Thema average-case Komplexitätstheorie.

1.2 Bezeichnungen

Bezeichnung von Zahlbereichen

Wir verwenden folgende Symbole zur Bezeichnung von Zahlbereichen:

$I\!N$ Menge der natürlichen Zahlen (ohne Null)
$I\!N_0$ Menge der natürlichen Zahlen einschließlich Null
$Z\!\!\!Z$ Menge der ganzen Zahlen
$I\!R$ Menge der reellen Zahlen
$I\!R^+$ Menge der positiven reellen Zahlen (ohne Null)
$I\!R_0^+$ Menge der positiven reellen Zahlen einschließlich Null

Ist $r \in I\!R$, so bezeichnet $\lfloor r \rfloor$ die größte ganze Zahl z mit $z \leq r$. Entsprechend bezeichnet $\lceil r \rceil$ die kleinste ganze Zahl z mit $r \leq z$.

Strings und Alphabete

Ist Σ ein *Alphabet*, d.h. eine endliche Menge, dann nennen wir eine endliche Folge $\{x_i\}_{1 \leq i \leq k}$, $k \in I\!N_0$, von Elementen $x_i \in \Sigma$ einen *String über* Σ oder auch ein *Wort über* Σ. Wir benutzen für diesen String auch die Schreibweise $x_1 x_2 \ldots x_k$. Dabei ist die *Länge* des Strings $x_1 x_2 \ldots x_k$ genau k. Ist x ein String über Σ, so wird mit $|x|$ die Länge dieses Strings bezeichnet. Die leere Folge über Σ wird als der *leere String* ε bezeichnet. Dieser hat die Länge 0. Die Menge aller Strings über Σ der Länge $n \in I\!N_0$ wird mit Σ^n bezeichnet. Darüber hinaus ist es üblich, die Menge aller Strings über Σ als Σ^* zu schreiben, d.h. es gilt

$$\Sigma^* = \bigcup_{i \in I\!N_0} \Sigma^i.$$

Abkürzend schreibt man Σ^+ für die Menge aller nichtleeren String über Σ. Somit ist

$$\Sigma^+ = \bigcup_{i \in I\!N} \Sigma^i.$$

Sind $k, \ell \in I\!N_0$, $x = x_1 \ldots x_k$ und $y = y_1 \ldots y_\ell$ Strings über Σ, dann bezeichnet $x \circ y$ die *Konkatenation* der Strings x und y, d.h. den String $x_1 \ldots x_k y_1 \ldots y_\ell$ der Länge $k + \ell$ über Σ.

Aufzählungen

Ist M eine abzählbare Menge und $\{m_i\}_{i \in I\!N_0}$ eine Folge von Elementen aus M mit

$$\bigcup_{i \in I\!N_0} \{m_i\} = M,$$

so nennen wir diese Folge eine *Aufzählung von M*.

Gilt ferner für alle $i, j \in I\!N_0$ mit $i \neq j$

$$m_i \neq m_j,$$

so heißt die Folge $\{m_i\}_{i \in I\!N_0}$ eine *wiederholungsfreie Aufzählung von M*.

Tritt dagegen jedes $m \in M$ unendlich oft in der Folge $\{m_i\}_{i \in I\!N_0}$ auf, d.h. gibt es zu jedem $m \in M$ unendliche viele Indizes $i \in I\!N_0$ mit $m = m_i$, so heißt $\{m_i\}_{i \in I\!N_0}$ eine *Aufzählung von M mit unendlich vielen Wiederholungen*.

Ist M abzählbar, dann gibt es nach Definition der Abzählbarkeit stets eine Aufzählung von M. Falls es irgendeine Aufzählung $\{m_i\}_{i \in I\!N_0}$ von M gibt, so gibt es auch eine Aufzählung mit unendlich vielen Wiederholungen. Dies läßt sich mit Hilfe einer sogenannten *Dovetailing*-Technik zeigen: zuerst wird m_1, dann m_1 und m_2, dann m_1, m_2, m_3, dann m_1 bis m_4 usw. aufgezählt. Diese neue Aufzählung ist offensichtlich eine Aufzählung mit unendlich vielen Wiederholungen.

Der Begriff *für fast alle*

Sei M eine diskrete Menge und $P :\to \{$TRUE, FALSE$\}$ eine boolesche Funktion, so sagen wir, *P gilt für fast alle* $x \in M$ oder *P gilt für alle bis auf endlich viele* $x \in M$, wenn es eine endliche Menge A gibt, so daß für alle $x \in M \setminus A$ gilt: $P(x) =$ TRUE.

Die $\leq$-Relation bei Funktionen

Sei M eine Menge mit einer totalen Ordnung $\leq$ auf ihren Elementen, sei $S \subseteq M$ und seien $f, g : M \to I\!R$ Funktionen. Im folgenden verstehen wir unter der Schreibweise

$$f \leq_S g,$$

daß es $m_1, m_2 \in S$ mit $m_1 \leq m_2$ gibt, so daß für alle $x \in S$ mit $x > m_2$ oder $x < m_1$ gilt: $f(x) \leq g(x)$. Ist die Menge S aus dem Kontext bekannt, so schreiben wir statt $\leq_S$ auch kurz $\leq$. Entsprechendes gilt für die Schreibweisen $<_S$ und $<$, sowie $>_S$, $>$.

Ist $S \subseteq I\!R$, so bedeutet $f \leq g$, daß $f(x) \leq g(x)$ für alle $x \in S$ bis auf ein Intervall mit endlichen Intervallgrenzen gilt. Im Fall einer diskreten Menge S bedeutet $f \leq_S g$, daß $f(x) \leq g(x)$ *für fast alle* $x \in S$ gilt.

Ist Σ ein Alphabet, $M = \Sigma^*$, so ist zum Beispiel die lexikographische Ordnung auf den Strings über Σ eine totale Ordnung auf Σ^*. Ist $S = \Sigma^*$ und sind $f, g : \Sigma^* \to I\!R_0^+$ Funktionen, so schreiben wir in dieser Arbeit in der Regel $f \leq g$ statt $f \leq_S g$ und entsprechend $<, \leq, >$ und $\geq$, statt $<_S, \leq_S, >_S$ und $\geq_S$.

O-Notation

Sei $f : \Sigma^* \to I\!\!R_0^+$ (bzw. $f : I\!\!N_0 \to I\!\!R_0^+$), so bezeichnen wir mit $O(f)$ die Menge der
Funktionen $g : \Sigma^* \to I\!\!R_0^+$ (bzw. $g : I\!\!N_0 \to I\!\!R_0^+$), für die es eine Konstante $c > 0$ gibt,
so daß für fast alle $x \in \Sigma^*$ (bzw. $x \in I\!\!N_0$)

$$g(x) \leq c \cdot f(x)$$

gilt.

Darstellung von Algorithmen

Wir verwenden zur Darstellung von Algorithmen eine modifizierte Form der von
I. Nassi und B. Shneiderman in [27] eingeführten Struktogramme. Da diese selbst-
erklärend sind, verzichten wir an dieser Stelle auf weitergehende Erläuterungen.

Kapitel 2

Starke und schwache average-case Modelle

2.1 Aufzählungen, Dichten und Verteilungen

Sei S eine unendliche abzählbare Menge und sei $\varphi : S \to I\!N_0$ eine Funktion. Ist φ bijektiv, so ist die Folge $\{x_i\}_{i \in N_0}$ mit $\varphi(x_i) = i$, $i \in I\!N_0$, eine wiederholungsfreie Aufzählung von S. Daher nennen wir φ eine *wiederholungsfreie Aufzählungsfunktion von S* oder kurz auch eine *wiederholungsfreie Aufzählung von S*.

Sei $k \in I\!N_0$ und $\Sigma = \{0, 1, 2, ..., k\}$. Dann ist Σ^* eine unendliche abzählbare Menge, denn es existiert zum Beispiel folgende bijektive Abbildung $\varphi_\Sigma : \Sigma^* \to I\!N_0$:

$$\varphi_\Sigma(\varepsilon) = 0,$$
$$\varphi_\Sigma(x_1 x_2 \ldots x_r) = \sum_{i=1}^{r}(x_i + 1) \cdot (k + 1)^{r-i}$$

mit $x_1, x_2, \ldots, x_r \in \{0, 1, \ldots, k\}$.

Sei φ eine wiederholungsfreie Aufzählung von Σ^*. Wenn φ in polynomieller Zeit in $|x|$ bei Eingabe $x \in \Sigma^*$ und φ^{-1} in polynomieller Zeit in $\log_2(n + 1)$ bei Eingabe $n \in I\!N_0$ berechnet werden kann, dann nennen wir φ eine *lexikographische Aufzählung von S*. Wir folgen mit dieser Begriffsbildung der in [15] üblichen Sprechweise.

Wie man leicht sieht, ist φ_Σ eine lexikographische Aufzählung. Sie wird *Standardaufzählung von Σ^** genannt.

Ist zum Beispiel $\Sigma = \{0, 1\}$, so ist

$$\varphi_\Sigma(\varepsilon) = 0,$$
$$\varphi_\Sigma(0) = 1,$$

$$\varphi_\Sigma(1) = 2,$$
$$\varphi_\Sigma(00) = 3,$$
$$\ldots \quad .$$

Hat $x \in \Sigma^*$ die Nummer $n \in I\!N_0$ in der gegebenen wiederholungsfreien Aufzählung, so bezeichnet

$$x \dotplus k = \varphi^{-1}(\varphi(x) + k)$$

mit $k \in Z\!\!Z$, $\varphi(x) + k \geq 0$ den String y, dessen Nummer gerade $n + k$ ist. Wir schreiben $x < y$, wenn x in der gegebenen wiederholungsfreien Aufzählung eine kleinere Nummer als y hat. Entsprechend ist $x \leq y$ zu verstehen.

Ist zum Beispiel $\Sigma = \{0, 1\}$ und ist die Standardaufzählung gegeben, so ist

$$\text{``00''} \dotplus (-1) = \text{``1''}$$

und

$$\text{``0''} \dotplus 2 = \text{``00''}.$$

Hierbei haben wir Strings in $\{0, 1\}^*$ durch `` und '' gekennzeichnet.

Hat man eine abzählbare Menge S und eine wiederholungsfreie Aufzählung φ von S gegeben, so kann man die aus der Wahrscheinlicheitsrechnung bekannten Begriffe der Dichte und Verteilung wie folgt definieren:

Definition 2.1 (Verteilung, Dichte)

1. *Eine Funktion $\psi : S \to [0, 1]$ heißt* Dichte *auf S, wenn*

$$\sum_{y \in S} \psi(y) = 1$$

gilt.

Ist $M \subseteq S$, so setzen wir

$$\psi(M) = \sum_{x \in M} \psi(x).$$

Die Menge $SUP(\psi) = \{x \in S : \psi(x) > 0\}$ heißt Trägermenge *von ψ.*

Ist $|SUP(\psi)| = \infty$, so heißt ψ unendlich, *sonst* endlich.

2. *Sei $\Psi : S \to [0, 1]$ eine Abbildung und φ eine wiederholungsfreie Aufzählung von S. Ist die Funktion $\Psi' : S \to [0, 1]$ mit*

$$\Psi'(x) = \begin{cases} \Psi(x) - \Psi(\varphi^{-1}(\varphi(x) - 1)) & \textit{falls } x \neq \varepsilon, \\ \Psi(x) & \textit{falls } x = \varepsilon \end{cases}$$

eine Dichte auf S, so heißt Ψ Verteilung *auf S bezüglich φ. Die Funktion Ψ' heißt dann die zu Ψ bezüglich φ gehörende* Dichte.

Verteilungen sind bezüglich der zugrunde liegenden wiederholungsfreien Aufzählung monoton wachsend und konvergieren gegen 1, d.h.: Ist Ψ eine Verteilung auf S bezüglich φ, ist $\{x_i\}_{i\in I\!\!N}$ eine Folge von Elementen aus S und gilt $\varphi(x_{i-1}) < \varphi(x_i)$ für alle $i \in I\!\!N$, so folgt

$$\lim_{i\to\infty} \Psi(x_i) = 1.$$

Zu einer gegebenen wiederholungsfreien Aufzählung φ und einer Dichte $\psi : S \to [0,1]$ läßt sich eine Verteilung $\psi^* : S \to [0,1]$ mittels

$$\psi^*(x) = \sum_{\substack{y\in S \\ \varphi(y)\leq\varphi(x)}} \psi(y)$$

definieren. Es gilt:

$$(\psi^*)' = \psi.$$

Wir nennen ψ^* die *zu ψ bezüglich φ gehörende Verteilung.*

In den folgenden Abschnitten und Kapiteln werden wir häufig statt einer Dichte auf S eine Funktion $g : S \to [0,1]$ angeben mit der Eigenschaft

$$\sum_{x\in S} g(x) < \infty.$$

Die Konstante $c = (\sum_{x\in S} g(x))^{-1}$ nennen wir *Normierungskonstante von g*, denn mit

$$\mu(x) = c \cdot g(x)$$

ist eine Dichte gegeben.

Betrachten wir wieder den Fall, daß $\Sigma = \{0,1\}$ und $S = \Sigma^*$ ist. Wir setzen

$$\mathcal{D} = \{\gamma : \ \gamma \text{ ist eine Dichte auf } \Sigma^*\}. \tag{2.1}$$

Sei φ die Standardaufzählung von Σ. Dann ist zum Beispiel die Funktion

$$\mu_u : \Sigma^* \to [0,1]$$

mit

$$\mu_u(x) = \begin{cases} \frac{6}{\pi^2} \cdot |x|^{-2} \cdot 2^{-|x|} & \text{falls } x \neq \varepsilon, \\ 0 & \text{sonst} \end{cases}$$

eine Dichte auf Σ^*. Üblicherweise wird die zu μ_u bezüglich der Standardaufzählung gehörende Verteilung in der Literatur als die *Gleichverteilung* auf $\{0,1\}^*$ bezeichnet. Alle Strings gleicher Länge haben die gleiche, durch die Dichtefunktion gegebene Wahrscheinlichkeit. Die Wahrscheinlichkeit dafür, daß ein gemäß der Gleichverteilung zufällig auftretender String die Länge n hat, ist gleich $\frac{6}{\pi^2}\cdot n^{-2}$. Dadurch wird eine

Dichte auf den Längen der Strings, bzw. auf $I\!N_0$ definiert, nämlich $\gamma_{N_0} : I\!N_0 \to [0,1]$ mit

$$\gamma_{N_0}(n) = \begin{cases} \frac{6}{\pi^2} \cdot n^{-2} & \text{falls } n \geq 1, \\ 0 & \text{sonst.} \end{cases}$$

Sei $n \in I\!N_0$. Die Funktion $\mu_n : \Sigma^n \to [0,1]$ mit

$$\mu_n(x) = 2^{-n}$$

bezeichnet die *bedingte Wahrscheinlichkeit*, mit der ein String x auftritt, unter der Bedingung, daß er die Länge n hat.

Allgemeiner: Sei Σ ein beliebiges Alphabet und φ eine lexikographische Aufzählung von Σ^*. Wir setzen

$$\begin{aligned} M_0^\varphi &= \{x \in \Sigma^* : \varphi(x) = 0\}, \\ M_n^\varphi &= \begin{cases} \left\{ x \in \Sigma^* : \frac{|\Sigma|^n - 1}{|\Sigma| - 1} \leq \varphi(x) < \frac{|\Sigma|^{n+1} - 1}{|\Sigma| - 1} \right\} & \text{falls } |\Sigma| > 1, \\ \left\{ x \in \Sigma^* : \varphi(x) = n \right\} & \text{sonst} \end{cases} \end{aligned}$$

und $\ell^\varphi(x) = n$, falls $x \in M_n^\varphi$.

Ist φ die Standardaufzählung, so ist M_n^φ gerade die Menge aller Strings über Σ der Länge n, d.h. $M_n^\varphi = \Sigma^n$ und $\ell^\varphi(x) = |x|$.

Seien $\gamma_n : M_n^\varphi \to [0,1]$ für $n \in I\!N_0$ und $\gamma_{N_0} : I\!N_0 \to [0,1]$ Dichten. Sei $x \in \Sigma^*$, und sei n so gewählt, daß $x \in M_n^\varphi$ gilt. Dann wird mit

$$\gamma(x) = \gamma_{N_0}(n) \cdot \gamma_n(x)$$

eine Dichte auf Σ^* definiert, denn

$$\begin{aligned} \sum_{x \in \Sigma^*} \gamma(x) &= \sum_{n \in I\!N_0} \gamma_{N_0}(n) \cdot \sum_{x \in M_n^\varphi} \gamma_n(x) \\ &= \sum_{n \in I\!N_0} \gamma_{N_0}(n) \cdot 1 \\ &= 1. \end{aligned}$$

Umgekehrt läßt sich zu jeder Dichte γ auf Σ^* eine Folge $\gamma_{N_0}, \gamma_0, \gamma_1, \ldots$ obiger Form angeben, so daß für alle $n \in I\!N_0$ und $x \in M_n^\varphi$ gilt:

$$\gamma(x) = \gamma_{N_0}(n) \cdot \gamma_n(x).$$

Dazu setzt man für $n \in I\!N_0$

$$\gamma_{N_0}(n) = \sum_{x \in M_n^\varphi} \gamma(x)$$

und für $x \in M_n^\varphi$

$$\gamma_n(x) = \begin{cases} \dfrac{\gamma(x)}{\gamma_{I\!N_0}(n)} & \text{falls } \gamma_{I\!N_0}(n) > 0, \\[2ex] \dfrac{1}{|M_n^\varphi|} & \text{sonst.} \end{cases}$$

Dabei wurde für den Fall $\gamma_{I\!N_0}(n) = 0$ willkürlich die Gleichverteilung auf den Elementen von M_n^φ gewählt. Man sieht leicht, daß diese Funktionen Dichten sind.

Wir nennen eine solche Folge von Dichten $\gamma_{I\!N_0}, \gamma_0, \gamma_1, \ldots$ eine *bezüglich φ dekomponierte Dichte auf Σ^** bzw. die *Dekomposition von γ bezüglich φ*. Umgekehrt heißt γ *Komposition* der Folge bezüglich φ. Entsprechendes gilt für Verteilungen.

In den folgenden Abschnitten und Kapiteln gehen wir vom Alphabet $\Sigma = \{0,1\}$ und der zugehörigen Standardaufzählung aus, sofern wir nicht explizit andere Angaben machen.

2.2 Das Levinsche Modell

Ein in der Analyse von Algorithmen häufig untersuchtes Maß für die Güte eines Algorithmus ist seine *mittlere Laufzeit*, d.h. der Erwartungswert der Laufzeit bezüglich einer vorgegebenen Verteilung auf den Eingabestrings.

Genauer: Sei $f : \Sigma^* \to I\!N_0$ die Laufzeitfunktion einer Turingmaschine M, d.h. M macht an Eingabe $x \in \Sigma^*$ genau $f(x)$ Übergänge. Seien $\gamma_n : \Sigma^n \to [0,1]$, $n \in I\!N_0$, Dichten, so hat f *polynomiellen Erwartungswert bezüglich* $\{\gamma_n\}_{n\in I\!N}$, falls es ein $t \in I\!N_0$ gibt, so daß für fast alle $n \in I\!N_0$ gilt:

$$E_{\gamma_n}[f(X)] = \sum_{x \in \Sigma^n} f(x) \cdot \gamma_n(x) \leq n^t. \tag{2.2}$$

Auf der Suche nach einer formalen Definition für den Begriff *eine Funktion f ist im Mittel polynomiell bezüglich einer Verteilung* $\gamma : \Sigma^* \to I\!N_0$ bietet es sich zunächst an, zu fordern, daß f polynomiellen Erwartungswert bezüglich $\{\gamma_n\}_{n\in I\!N}$ hat. O. Goldreich zeigt in [15], daß diese Formalisierung jedoch schwerwiegende Nachteile hätte.

Betrachtet man z.B. die Verteilung $\gamma = \mu_u$ aus Abschnitt 2.1 und die Funktion

$$f(x) = \begin{cases} |x|^2 & \text{falls } x \notin \{0\}^*, \\ 2^{|x|} & \text{falls } x \in \{0\}^*, \end{cases}$$

dann hat f polynomiellen Erwartungswert bezüglich γ, denn es gilt:

$$\begin{aligned} \sum_{x \in \Sigma^n} f(x) \cdot \gamma_n(x) &= n^2 \cdot (2^n - 1) \cdot 2^{-n} + 2^n \cdot 2^{-n} \\ &\leq n^2 + 1 \\ &\leq n^3 \end{aligned}$$

für $n \geq 2$. Es gilt aber auch

$$\sum_{x \in \Sigma^n} f^2(x) \cdot \gamma_n(x) = n^4 \cdot (2^n - 1) \cdot 2^{-n} + 2^{2n} \cdot 2^{-n}$$

$$\geq 2^n.$$

Somit hat f^2 keinen polynomiellen Erwartungswert bezüglich γ. Der Erwartungswert ist keine gute Formalisierung des Begriffs *im Mittel polynomiell*, wie wir im folgenden erläutern werden.

In der klassischen Komplexitätstheorie betrachtet man zum Beispiel Einband- und Zweiband-Turingmaschinen. (Vergleiche [23], [24] und [28].) Wird eine Sprache L von einer Zweiband-Turingmaschine in Zeit $f : \Sigma^* \to I\!N_0$ erkannt, so gibt es eine Einband-Turingmaschine, die L in Zeit $O(f^2)$ erkennt. (Vergleiche [19].) Damit ist sichergestellt, daß z.B. die Sprachklasse P, die Menge der Sprachen, die von einer deterministischen Turingmaschine in polynomieller Zeit erkannt werden können, nicht vom speziellen Turingmaschinen-Modell abhängt.

Um diese Unabhängigkeit vom speziellen Turingmaschinen-Modell auch für die Klasse der in *mittlerer Polynomzeit* erkennbaren Sprachen zu erhalten, muß eine Formalisierung des Begriffs *f ist im Mittel polynomiell* bezüglich einer gegebenen Verteilung μ folgende Eigenschaft haben: Ist f im Mittel polynomiell bezüglich μ, so folgt, daß auch f^k für alle $k \in I\!N$ im Mittel polynomiell bezüglich μ ist.

In [26] wurde 1984 von L. Levin die folgende Formalisierung vorgeschlagen:

Definition 2.2 *Eine Funktion $f : \Sigma^* \to I\!N$ heißt* im Mittel polynomiell (im Levinschen Modell) *bezüglich einer Dichte $\gamma : \Sigma^* \to [0,1]$, wenn es ein $t \in I\!N$ gibt, so daß*

$$\sum_{x \in \Sigma^+} \gamma(x) \cdot \frac{f(x)^{1/t}}{|x|} < \infty$$

gilt.

Wie man leicht sieht, gilt im Levinschen Modell: Ist f im Mittel polynomiell bezüglich einer Dichte γ auf Σ^*, so ist für alle $k \in I\!N_0$ die Funktion f^k ebenso im Mittel polynomiell bezüglich γ.

Weitere wichtige Eigenschaften der Levinschen Definition werden im folgenden Satz angegeben:

Satz 2.3

1. *Seien $f_1, f_2 : \Sigma^* \to I\!N$. Gilt $f_1(x) \leq f_2(x)$ für alle bis auf endlich viele $x \in \Sigma^*$ und ist f_2 im Mittel polynomiell bezüglich einer Verteilung γ, so ist auch f_1 im Mittel polynomiell bezüglich γ, d.h. es liegt eine Art Transitivität vor.*

2. *Ist f polynomiell beschränkt, so ist f auch im Mittel polynomiell bezüglich jeder Dichte γ auf Σ^*.*

3. *Sind f_1 und f_2 im Mittel polynomiell bezüglich einer Dichte γ, so ist auch $f_1 + f_2$ im Mittel polynomiell bezüglich γ.*

4. *Ist f nicht polynomiell beschränkt, dann gibt es eine Verteilung γ, so daß f bezüglich γ nicht im Mittel polynomiell ist.*

In Abschnitt 2.4.4 untersuchen wir die Eigenschaften des Levinschen Modells bzw. des dort eingeführten *erweiterten Levinschen Modells* genauer. Dort finden sich auch die Beweise zu den obigen Aussagen.

Von S. Ben-David u.a. wurde in Analogie zur Levinschen Definition in [39] der Begriff *im Mittel logarithmisch* eingeführt:

Definition 2.4 *Eine Funktion $f : \Sigma^* \to I\!N$ heißt* im Mittel logarithmisch (im Levinschen Modell) *bezüglich einer Dichte $\gamma : \Sigma^* \to [0,1]$, wenn es ein $t \in I\!N$ gibt, so daß*

$$\sum_{x \in \Sigma^+} \gamma(x) \cdot \frac{2^{f(x)/t}}{|x|} < \infty$$

gilt.

Es läßt sich zeigen, daß folgendes gilt: Wenn eine Funktion f im Mittel logarithmisch bezüglich einer Verteilung γ ist, so ist 2^f im Mittel polynomiell bezüglich γ. Dabei handelt es sich um eine wichtige Eigenschaft dieses Modells, da sie sicherstellt, daß alle Probleme, die in mittlerem logarithmischen Platz gelöst werden können, auch in mittlerer polynomieller Zeit gelöst werden können. Dies ist die analoge Aussage zu dem aus der klassischen Komplexitätstheorie bekannten Satz, daß alle Probleme, die in Platz f gelöst werden können, auch in Zeit $2^{k \cdot f}$ für ein $k \in I\!N$ zu lösen sind. (Vergleiche dazu Korollar 2.2.17 in [28].) In Abschnitt 2.4.4 beweisen wir diese Behauptung in einem allgemeineren Zusammenhang.

2.3 Starke average-case Modelle

Nachdem das Levinsche Modell in [26] vorgestellt worden war, wurde in mehreren Veröffentlichungen gezeigt, daß es eine sinnvolle Formalisierung des Begriffs *im Mittel polynomiell* darstellt. Insbesondere gelang es, Reduktions- und Vollständigkeitsbegriffe einzuführen und vollständige Probleme nachzuweisen. Ein zentraler Punkt der Diskussion auf diesem Forschungsgebiet bleibt aber die Definition *im Mittel polynomiell* selbst. Wir untersuchen im folgenden, ob es alternative Formalisierungen dieses Begriffes gibt, die ebenso wie das Levinsche Modell zu starken Resultaten führen

und intuitiv nachvollziehbare Eigenschaften haben. Im Levinschen Modell wird das
Verhalten einer Funktion mit dem Verhalten aller Funktionen einer ganzen Funk-
tionenklasse (den Polynomen) verglichen. Wir verfeinern die Fragestellung, indem
wir nach solchen Formalisierungen suchen, in denen zwei Funktionen miteinander
verglichen werden können.

Im folgenden benötigen wir die Menge der Funktionen

$$\mathcal{F} = \{f : \Sigma^* \to \mathbb{R}_0^+\}$$

und die in (2.1) definierte Menge von Dichten $\mathcal{D}$ auf Σ^*.

Definition 2.5 (Vergleichsmodell)

Ein Vergleichsmodell *ist ein Paar* $R = (H,V)$ *mit* $H \subseteq \mathcal{F}$ *und* $V \subseteq \mathcal{F} \times \mathcal{D} \times H$. *Gilt*
$(f,\gamma,g) \in V$, *so schreiben wir* $f \leq_\gamma^R g$. *Entsprechend schreiben wir* $f <_\gamma^R g$, *falls*
$f \leq_\gamma^R g$ *und* $g \nleq_\gamma^R f$ *gilt. Die Menge* H *heißt* Menge der Vergleichsfunktionen *von* R.

In der klassischen Komplexitätstheorie vergleicht man Laufzeit- oder Speicherbe-
darfsfunktionen von Turingmaschinen in der Regel nur mit Funktionen wie den
Polynomfunktionen, den Logarithmusfunktionen oder den Exponentialfunktionen.
Deshalb beinhaltet die Definition des Begriffs Vergleichsmodell die Spezifikation der
Menge der Vergleichsfunktionen H dieses Vergleichsmodells.

Im folgenden schreiben wir, wie in Abschnitt 1.2 bereits erwähnt, kurz

$$f \leq g$$

statt

$$f \leq_{\Sigma^*} g$$

für zwei Funktionen $f,g \in \mathcal{F}$, d.h. für fast alle $x \in \Sigma^*$ gilt: $f(x) \leq g(x)$.

Definition 2.6

1. *Wir nennen eine Menge* $H \subseteq \mathcal{F}$ unbeschränkt, *wenn es für alle* $f \in \mathcal{F}$ *ein*
   $h \in H$ *gibt, so daß*
   $$f \leq_{\Sigma^*} h$$
   gilt. Andernfalls heißt H beschränkt.

2. *Ein Vergleichsmodell* $R = (H,V)$ *heißt* unbeschränkt, *wenn* H *unbeschränkt*
   ist. Andernfalls heißt es beschränkt.

Man kann dem Levinschen Modell das (beschränkte) Vergleichsmodell $L = (H,V)$
mit

$$H = \{|\cdot|^t : t \in \mathbb{N}\}$$

und

$$V = \Big\{ (f, \gamma, |\cdot|^t) \ : \ \gamma \in \mathcal{D},\ t \in I\!N,\ \text{und es gilt}$$

$$\sum_{x \in \Sigma^+} \gamma(x) \cdot \frac{f(x)^{1/t}}{|x|} < \infty \Big\}$$

zuordnen. Dabei bezeichnen wir mit $|\cdot|^t$ die Funktion, die x auf $|x|^t$ abbildet.

Ebenso läßt sich aus der worst-case Komplexitätstheorie das Vergleichsmodell

$$\mathcal{W} = (\mathcal{F}, V)$$

mit

$$V = \{ (f, \gamma, g) : \ \gamma \in \mathcal{D},\ \text{und es gilt}\ f \leq g \}$$

entwickeln, bei dem die dem Vergleich zugrunde liegende Dichte keine Rolle spielt.
Da im folgenden der Formel

$$f \leq^R_\gamma g$$

die Bedeutung *im durch R gegebenen Vergleichsmodell ist die Funktion f im Mittel bezüglich der Dichte γ nach oben durch die Funktion g beschränkt* gegeben werden soll, ist abzusehen, daß nicht jedes beliebige Vergleichsmodell für diese Interpretation sinnvolle Eigenschaften hat. Wir entwickeln daher in den folgenden Abschnitten solche Eigenschaften, die "sinnvolle" Vergleichsmodelle haben müssen, und geben Beispiele und Gegenbeispiele dafür an. Vergleichsmodelle, die diese Eigenschaften haben, werden wir *average-case Modelle* nennen.

Es stellt sich heraus, daß die in Abschnitt 2.3.1 vorgestellte erste Variante einiger dieser Eigenschaften so starke Forderungen an das Vergleichsmodell stellt, daß zum Beispiel das bewährte Levinsche Modell diesen nicht genügt. (Vergleiche Satz 2.19.)

Wir geben daher in Abschnitt 2.4 eine zweite schwächere Variante der entsprechenden Eigenschaften an. Wir zeigen, daß es eine Reihe von Vergleichsmodellen gibt, die diese schwächeren Eigenschaften haben. In Kapitel 3 zeigen wir dann, daß schon aus diesen schwachen Eigenschaften wichtige komplexitätstheoretische Zusammenhänge folgen.

2.3.1 Definition der starken average-case Modelle

Unser Ziel ist es, die Vergleichsmodelle $R = (H, V)$ zu charakterisieren, für die die Relationen $<^R_\gamma$ auf $\mathcal{F} \times H$ für alle $\gamma \in \mathcal{D}$ ähnliche Eigenschaften haben wie die oben definierte Relation $<_{\Sigma^*}$ auf $\mathcal{F} \times \mathcal{F}$.

Wir werden im folgenden auf eine Reihe solcher Eigenschaften eingehen und ihre Bedeutung für eine sinnvolle average-case Theorie aufzeigen.

Wie wir schon in Abschnitt 2.2 gesehen haben, betrachten wir die Transitivität als eine wichtige Eigenschaft geeigneter Vergleichsmodelle. Ist ein Algorithmus A im Mittel bezüglich einer gegebenen Dichte γ mindestens so schnell wie ein Algorithmus B und ist dieser wiederum bezüglich γ mindestens so schnell wie ein Algorithmus C, so erwartet man unbedingt, daß A im Mittel bezüglich γ mindestens so schnell wie C ist. Diese Überlegung führt zur sogenannten *Transitivitätseigenschaft*.

Werden zwei verschiedene Algorithmen mit Laufzeiten f_1 und f_2 auf dieselbe Eingabe x angewandt, so daß sich die Gesamtlaufzeit als Summe der Einzellaufzeiten ergibt, so würde man erwarten, daß $f_1 + f_2$ im Mittel bezüglich einer Verteilung γ kleiner oder gleich $g_1 + g_2$ ist, sofern f_i im Mittel bezüglich γ kleiner oder gleich g_i ist für $i = 1, 2$. Ein Vergleichsmodell mit dieser Eigenschaft nennen wir *additiv monoton* oder *monoton bezüglich Addition*.

Es scheint uns natürlich zu sein, daß jedes geeignete Modell verträglich mit der gewöhnlichen Ordnungsrelation ist. Dabei sind nur $x \in \mathcal{SUP}(\gamma)$ von Interesse. Folgt aus $f \leq_{\mathcal{SUP}(\gamma)} g$, daß $f \leq_\gamma^R g$ gilt, so sagen wir, *R ist verträglich mit $\leq$*.

Umgekehrt würde man auch erwarten, daß $f \not\leq_\gamma^R g$ für eine unendliche Dichte γ gilt, falls $g <_{\mathcal{SUP}(\gamma)} f$ ist. Diese Idee spiegelt sich in der *starken Antisymmetrieeigenschaft* wider. Ein weiterer Grund, daß wir von einem "sinnvollen" Vergleichsmodell eine Art Antisymmetrieeigenschaft fordern, besteht darin, daß wir in Satz 2.18 zeigen, daß auch das triviale Vergleichsmodell $\mathcal{W} = (\mathcal{F}, \mathcal{F} \times \mathcal{D} \times \mathcal{F})$ (Seite 25) die anderen Eigenschaften hat. Diese Relation würde man intuitiv nicht für ein vernünftiges Vergleichsmodell halten.

Wie bereits erwähnt, halten wir es für notwendig, daß auch in den im folgenden betrachteten Modellen für eine average-case Komplexitätstheorie Invarianz bezüglich des zugrunde gelegten Turingmaschinen-Modells gewahrt bleibt. Daher nennen wir ein Vergleichsmodell R *monoton bezüglich Komposition*, wenn aus $f \leq_\gamma^R g$ für ausgewählte Funktionen $t : \mathbb{R}_0^+ \to \mathbb{R}_0^+$ auch $t \circ f \leq_\gamma^R t \circ g$ folgt. Selbstverständlich macht es keinen Sinn, dies für alle Funktionen aus der Menge

$$\mathcal{NF} \;=\; \{t : \mathbb{R}_0^+ \to \mathbb{R}_0^+\}$$

zu fordern: Ist zum Beispiel $f < g$ und t eine streng monoton fallende Funktion, so ist sicher $t \circ g < t \circ f$ und demnach würde $t \circ f \leq_\gamma^R t \circ g$ zu einem Widerspruch zur Antisymmetrie führen. Es bietet sich an, diese Kompositionseigenschaft für Funktionen t aus

$$\mathcal{MW} = \{t \in \mathcal{NF} : t \text{ ist streng monoton wachsend und konvex }\}$$

zu fordern. Man beachte dabei, daß jede Funktion $t \in \mathcal{MW}$ stetig ist.

Als letzte Eigenschaft eines geeigneten Vergleichsmodells R fordern wir, daß das Vergleichsmodell *monoton bezüglich Verbesserung der Verteilung* ist: Weiß man, daß

$f \leq_\gamma^R g$ gilt und daß die Verteilung τ die Instanzen x mit $f(x) \leq g(x)$ wenigstens so stark bevorzugt wie γ, d.h. $\tau(x) \geq \gamma(x)$, und die Instanzen x mit $f(x) > g(x)$ höchstens so stark gewichtet wie γ, d.h. $\tau(x) \leq \gamma(x)$, so würde man sicher erwarten, daß $f \leq_\tau^R g$ gilt. Wir führen für eine derartige Situation zwischen γ und τ bei gegebenen Funktionen f und g folgende Schreibweise ein:

Definition 2.7 *Gegeben* $f, g \in \mathcal{F}$ *und* $\tau, \gamma \in \mathcal{D}$, *so schreiben wir*

$$\tau \leq_{(f,g)} \gamma,$$

wenn $\tau(x) \leq \gamma(x)$ *für fast alle* $x \in \Sigma^*$ *mit* $f(x) > g(x)$ *gilt, und wenn ferner* $\tau(x) \geq \gamma(x)$ *für fast alle* $x \in \Sigma^*$ *mit* $f(x) \leq g(x)$ *gilt.*

Die oben erläuterten Eigenschaften werden im folgenden formalisiert:

Definition 2.8 *Sei* $R = (H, V)$ *ein Vergleichsmodell.*

1. *Wir sagen, R ist*

   (ST) stark transitiv, *wenn für alle* $f \in \mathcal{F}$, $g, h \in H$ *aus* $f \leq_\gamma^R g, g \leq_\gamma^R h$ *folgt, daß auch* $f \leq_\gamma^R h$ *gilt.*

   (SMA) stark monoton bezüglich Addition, *wenn für* $f_1, f_2 \in \mathcal{F}$ *und* $g_1, g_2 \in H$ *aus* $f_1 \leq_\gamma^R g_1$, $f_2 \leq_\gamma^R g_2$ *folgt, daß auch* $f_1 + f_2 \leq_\gamma^R g_1 + g_2$ *gilt.*

   (MK) monoton bezüglich Komposition, *wenn für alle* $f \in \mathcal{F}$, $g \in H$ *und* $t \in \mathcal{MW}$ *aus* $f \leq_\gamma^R g$ *folgt, daß* $t \circ f \leq_\gamma^R t \circ g$ *gilt.*

   (V) verträglich mit $\leq$, *wenn für alle Dichten* $\gamma \in \mathcal{D}$ *und für alle Funktionen* $f \in \mathcal{F}$, $g \in H$ *aus* $f \leq_{SUP(\gamma)} g$ *folgt, daß* $f \leq_\gamma^R g$ *gilt.*

   (MV) monoton bezüglich Verbesserung der Verteilung, *wenn für alle* $f \in \mathcal{F}$ *und* $g \in H$ *mit* $f \leq_\gamma^R g$ *gilt: Ist* τ *eine Dichte mit* $\tau \leq_{(f,g)} \gamma$, *so gilt* $f \leq_\tau^R g$.

   (SA) stark antisymmetrisch, *wenn für alle unendlichen Dichten* $\gamma \in \mathcal{D}$ *und für alle* $g \in H$ *und* $f \in \mathcal{F}$ *aus* $g <_{SUP(\gamma)} f$ *folgt, daß* $f \not\leq_\gamma^R g$ *gilt.*

2. *Wenn R unbeschränkt ist und alle obigen Eigenschaften hat, sagen wir, R ist* ein starkes average-case Modell.

Lemma 2.9 *Ist ein Vergleichsmodell R verträglich mit $\leq$ und stark transitiv, so gilt für alle* $f, g \in \mathcal{F}$ *mit* $f \not\leq_\gamma^R g$ *und alle* $h \in H$ *mit* $g \geq h$:

$$f \not\leq_\gamma^R h.$$

Beweis: Falls $f \leq_\gamma^R h$ und $g \geq h$ gilt, so folgt mit den Eigenschaften (V) und (ST), daß $f \leq_\gamma^R g$ gilt, im Widerspruch zur Voraussetzung. ∎

2.3.2 Konstruktion starker average-case Modelle

Ist S eine Menge von Vergleichsmodellen, so wird mittels $R = (H, V)$ mit

$$H = \bigcap_{(H', V') \in S} H'$$

und

$$V = \left\{ (f, \gamma, g): \ \gamma \in \mathcal{D} \text{ und für alle } R' \in S \text{ gilt } f \leq_\gamma^{R'} g \right\}$$

ein neues Vergleichsmodell definiert. Man sieht leicht, daß folgender Satz gilt:

Satz 2.10

1. *Wenn alle $R' \in S$ eine der Eigenschaften $\{(ST), (SMA), (MK), (V), (MV), (SA)\}$ haben, dann hat auch R diese Eigenschaft.*

2. *Wenn ein $R' \in S$ ein starkes average-case Modell ist, alle $R' \in S$ die Eigenschaften (ST), (SMA), (MK), (V) und (MV) haben und H unbeschränkt ist, dann ist R ein starkes average-case Modell.*

2.3.3 Positive Beispiele

Sind $R_1 = (H_1, V_1)$ und $R_2 = (H_2, V_2)$ zwei Vergleichsmodelle, so nennen wir R_1 eine *Erweiterung* von R_2, wenn $H_2 \subseteq H_1$ und $V_2 \subseteq V_1$ gilt. Umgekehrt nennen wir R_2 eine *Einschränkung* von R_1.

Wir zeigen, daß jedes starke average-case Modell $R = (H, V)$ mit $H = \mathcal{F}$ eine Erweiterung der folgenden Abwandlung des Modells der worst-case Komplexitätstheorie ist.

Satz 2.11 *Das Vergleichsmodell $\mathcal{FU} = (\mathcal{F}, V)$ mit*

$$V = \left\{ (f, \gamma, g): \ \gamma \in \mathcal{D}, \ f \leq_{sup(\gamma)} g \right\}$$

ist ein starkes average-case Modell.

Beweis: Nach Definition ist $\mathcal{FU}$ unbeschränkt.

1. (ST): Seien $f \leq_\gamma^{\mathcal{FU}} g, g \leq_\gamma^{\mathcal{FU}} h$, dann gibt es in der Menge $\mathcal{SUP}(\gamma)$ nur endlich viele x mit $f(x) > g(x)$ oder $g(x) > h(x)$. Somit gibt es in $\mathcal{SUP}(\gamma)$ auch nur endlich viele x mit $f(x) > h(x)$. Daraus folgt aber $f \leq_\gamma^{\mathcal{FU}} h$, und es ergibt sich, daß $\mathcal{FU}$ stark transitiv ist.

2. (SMA): Die starke additive Monotonie beweist man analog zur starken Transitivität.

3. (MK): Seien $f \leq_\gamma^{\mathcal{FU}} g$, und sei $t : \mathbb{R}_0^+ \to \mathbb{R}_0^+$ streng monoton wachsend. Da $f(x) > g(x)$ nur für endlich viele $x \in \mathcal{SUP}(\gamma)$ gilt und da t streng monoton wachsend ist, gilt auch nur an diesen endlich vielen Stellen $t(f(x)) > t(g(x))$. Also ist $t \circ f \leq_\gamma^{\mathcal{FU}} t \circ g$.

4. (V): Die Verträglichkeitseigenschaft liegt nach Definition vor.

5. (MV): Sei $f \leq_\gamma^{\mathcal{FU}} g$. Gibt es nur endlich viele $x \in \mathcal{SUP}(\gamma)$ mit $f(x) > g(x)$ und ist $\tau \leq_{(f,g)} \gamma$, so gibt es auch nur endlich viele $x \in \mathcal{SUP}(\tau)$ mit $f(x) > g(x)$. Daher ist $f \leq_\tau^{\mathcal{FU}} g$.

6. (SA): Gilt $g <_{\mathcal{SUP}(\gamma)} f$ und ist γ unendlich, so gilt $f \nleq_{\mathcal{SUP}(\gamma)} g$. Daraus folgt $f \nleq_\gamma^{\mathcal{FU}} g$.

Es folgt, daß $\mathcal{FU}$ ein starkes average-case Modell ist. ∎

Offensichtlich gilt der folgende Satz:

Satz 2.12 *Jedes Vergleichsmodell $R = (H, V)$ mit $H = \mathcal{F}$, das verträglich mit $\leq$ ist, ist eine Erweiterung von $\mathcal{FU}$.*

Korollar 2.13 *Jedes starke average-case Modell $R = (H, V)$ mit $H = \mathcal{F}$ ist eine Erweiterung von $\mathcal{FU}$.*

Beweis: Jedes starke average-case Modell R ist verträglich mit $\leq$. Somit gilt für alle γ und alle $f, g \in \mathcal{F}$ mit $f \leq_{\mathcal{SUP}(\gamma)} g$ die Beziehung $f \leq_\gamma^R g$ gilt. Damit folgt die Behauptung. ∎

Wir untersuchen nun Beispiele, bei denen im Gegensatz zu den bis jetzt beschriebenen Vergleichsmodellen die Größe der Werte $\gamma(x)$ eine Rolle spielt.

Wir führen folgende Notation ein: Sei γ eine Dichte auf $\mathbb{N}_0$. Mit $s_\gamma : \mathbb{N}_0 \to \{0, 1\}$ bezeichnen wir die Funktion

$$s_\gamma(n) = \begin{cases} 1 & \text{falls } n \in \mathcal{SUP}(\gamma), \\ 0 & \text{sonst.} \end{cases}$$

Ist γ eine Dichte auf Σ^* und $\gamma_{\mathbb{N}_0}$ die zugehörige Dichte auf $\mathbb{N}_0$, so schreiben wir abkürzend statt $s_{\gamma_{\mathbb{N}_0}}$ auch s_γ.

Satz 2.14 *Sei* $w : I\!N \to I\!N$ *eine Funktion, und sei* $R = (\mathcal{F}, V)$ *ein Vergleichsmodell mit*

$$V = \Big\{ (f, \gamma, g) : \ \gamma \in \mathcal{D}, \ \lim_{n \to \infty} \Big(s_\gamma(n) \cdot w(n) \cdot \sum_{\substack{x \in \Sigma^n \\ f(x) > g(x)}} \gamma_n(x) \Big) = 0 \Big\}.$$

Dann ist R *ein starkes average-case Modell.*

Beweis: Nach Definition ist R unbeschränkt.

Wir zeigen, daß die Eigenschaften eines starken average-case Modells vorliegen.

1. (ST): Seien $f \leq_\gamma^R g, g \leq_\gamma^R h$. Dann gilt

$$\lim_{n \to \infty} \Big(s_\gamma(n) \cdot w(n) \cdot \sum_{\substack{x \in \Sigma^n \\ f(x) > g(x)}} \gamma(x) \Big) \ = \ 0,$$

$$\lim_{n \to \infty} \Big(s_\gamma(n) \cdot w(n) \cdot \sum_{\substack{x \in \Sigma^n \\ g(x) > h(x)}} \gamma(x) \Big) \ = \ 0.$$

Wenn $f(x) > h(x)$ gilt, folgt $f(x) > g(x)$ oder $g(x) > h(x)$. Deshalb folgt

$$\lim_{n \to \infty} \Big(s_\gamma(n) \cdot w(n) \cdot \sum_{\substack{x \in \Sigma^n \\ f(x) > h(x)}} \gamma(x) \Big)$$

$$\leq \ \lim_{n \to \infty} \Big(s_\gamma(n) \cdot w(n) \cdot \Big(\sum_{\substack{x \in \Sigma^n \\ f(x) > g(x)}} \gamma(x) + \sum_{\substack{x \in \Sigma^n \\ g(x) > h(x)}} \gamma(x) \Big) \Big)$$

$$= \ 0.$$

Somit folgt $f \leq_\gamma^R h$.

2. (SMA): Analog zu (ST) beweist man, daß R stark monoton bezüglich Addition ist.

3. (MK): Ist $t \in \mathcal{MW}$, so gilt für fast alle $x \in \Sigma^*$, daß aus $t(f(x)) > t(g(x))$ die Ungleichung $f(x) > g(x)$ folgt. Daraus ergibt sich leicht die Eigenschaft (MK).

4. (V): Ist $\gamma \in \mathcal{D}$ und $f \leq_{\mathcal{SUP}(\gamma)} g$, dann ist

$$\Big\{ s_\gamma(n) \cdot w(n) \cdot \sum_{\substack{x \in \Sigma^n \\ f(x) > g(x)}} \gamma_n(x) \Big\}_{n \in I\!N_0}$$

eine Folge, die nur an endlich vielen Stellen positive Werte annimmt. Somit konvergiert sie gegen 0. Damit gilt

$$f \leq_\gamma^R g.$$

5. (MV): Sei $f \leq_\gamma^R g$ und τ eine Dichte mit $\tau \leq_{(f,g)} \gamma$. Sei für $n \in \mathbb{N}_0$

$$B_n = \{x \in \Sigma^n : f(x) > g(x)\}.$$

Wir zeigen zunächst, daß für fast alle $n \in \mathbb{N}$

$$s_\tau(n) \cdot \tau_n(B_n) \leq s_\gamma(n) \cdot \gamma_n(B_n) \tag{2.3}$$

gilt.

Ist $\tau_n(B_n) = 0$, so ist die obige Ungleichung trivialerweise erfüllt. Nach Definition 2.7 gibt es ein $N \geq 0$, so daß für alle $n \geq N$ folgendes gilt: Falls $\tau_n(B_n) > 0$ gilt, ist auch $\gamma_n(B_n) > 0$. Damit ist

$$s_\tau(n) = s_\gamma(n) = 1,$$

und es gilt

$$\begin{aligned}
\tau(B_n) &\leq \gamma(B_n), \\
\tau(\Sigma^n \setminus B_n) &\geq \gamma(\Sigma^n \setminus B_n), \\
\gamma_n(B_n) &= \frac{\gamma(B_n)}{\gamma(B_n) + \gamma(\Sigma^n \setminus B_n)}, \\
\tau_n(B_n) &= \frac{\tau(B_n)}{\tau(B_n) + \tau(\Sigma^n \setminus B_n)}.
\end{aligned}$$

Daher ist

$$\tau(B_n) \cdot \gamma(\Sigma^n \setminus B_n) \leq \gamma(B_n) \cdot \tau(\Sigma^n \setminus B_n).$$

Somit folgt durch Addition von $\tau(B_n) \cdot \gamma(B_n)$ auf beiden Seiten der Ungleichung

$$\tau(B_n) \cdot (\gamma(B_n) + \gamma(\Sigma^n \setminus B_n)) \leq \gamma(B_n) \cdot (\tau(B_n) + \tau(\Sigma^n \setminus B_n)).$$

Also gilt für alle $n \geq N$ mit $\tau(B_n) > 0$

$$\tau_n(B_n) \leq \gamma_n(B_n).$$

Da $s_\tau(n) = s_\gamma(n) = 1$ gilt, folgt, daß die Ungleichung (2.3) erfüllt ist.

Mittels der Ungleichung (2.3) erhält man für fast alle $n \in \mathbb{N}_0$

$$\begin{aligned}
&s_\tau(n) \cdot w(n) \cdot \sum_{\substack{x \in \Sigma^n \\ f(x) > g(x)}} \tau_n(x) \\
={}& s_\tau(n) \cdot w(n) \cdot \tau_n(B_n) \\
\leq{}& s_\gamma(n) \cdot w(n) \cdot \gamma_n(B_n) \\
={}& s_\gamma(n) \cdot w(n) \cdot \sum_{\substack{x \in \Sigma^n \\ f(x) > g(x)}} \gamma_n(x).
\end{aligned}$$

Somit folgt die Eigenschaft (V).

6. (SA): Sei $\gamma \in \mathcal{D}$ eine unendliche Dichte. Seien $f, g \in \mathcal{F}$ mit $g <_{sup(\gamma)} f$, dann ist für fast alle $n \in I\!N$

$$s_\gamma(n) \cdot w(n) \cdot \sum_{\substack{x \in \Sigma^n \\ f(x)>g(x)}} \gamma_n(x) = s_\gamma(n) \cdot w(n).$$

Somit ist

$$\left\{ s_\gamma(n) \cdot w(n) \cdot \sum_{\substack{x \in \Sigma^n \\ f(x)>g(x)}} \gamma_n(x) \right\}_{n \in N}$$

keine Nullfolge. Daraus folgt nach Definition

$$f \not\leq_\gamma^R g. \qquad\qquad \blacksquare$$

Aus Satz 2.14 und Satz 2.10 ergibt sich die folgende Aussage:

Satz 2.15 *Sei S eine Menge von Funktionen $w : I\!N_0 \to I\!N$. Dann ist $R = (\mathcal{F}, V)$ mit*

$$V = \Big\{ (f,\gamma,g) \;:\; \gamma \in \mathcal{D} \text{ und für alle } w \in S \text{ gilt}$$
$$\lim_{n \to \infty} \Big(s_\gamma(n) \cdot w(n) \cdot \sum_{\substack{x \in \Sigma^n \\ f(x)>g(x)}} \gamma_n(x) \Big) = 0 \Big\}$$

ein starkes average-case Modell.

Aus diesem Satz läßt sich folgendes Beispiel für ein starkes average-case Modell ableiten:

Als *PolySum1-Modell* bezeichnen wir Vergleichsmodell $\mathcal{MS} = (\mathcal{F}, V)$ mit

$$V = \Big\{ (f,\gamma,g) \;:\; \gamma \in \mathcal{D} \text{ und für alle } t \in I\!N \text{ gilt}$$
$$\lim_{n \to \infty} \Big(s_\gamma(n) \cdot n^t \cdot \sum_{\substack{x \in \Sigma^n \\ f(x)>g(x)}} \gamma_n(x) \Big) = 0 \Big\}.$$

Korollar 2.16 *Das Vergleichsmodell $\mathcal{MS}$ ist ein starkes average-case Modell.*

Ein weiteres Beispiel wird in dem nachstehenden Satz vorgestellt:

Satz 2.17 *Das Vergleichsmodell* $\mathcal{Z} = (\mathcal{F}, V)$ *mit*

$$V = \Big\{ (f, \gamma, g) \ : \ \gamma \in \mathcal{D} \ \textit{und es gilt}$$

$$\lim_{n \to \infty} \Big(s_\gamma(n) \cdot \sum_{\substack{x \in \Sigma^n \\ f(x) > g(x)}} \gamma_n(x) \Big) = 0 \Big\}$$

ist ein starkes average-case Modell.

Der Wert

$$\sum_{\substack{x \in \Sigma^n \\ f(x) > g(x)}} \gamma_n(x)$$

in der obigen Formel ist die Wahrscheinlichkeit dafür, daß $f(x) > g(x)$ gilt, wenn x gemäß der Dichte γ_n aus Σ^n zufällig gewählt wird. Im Vergleichsmodell $\mathcal{Z}$ gilt $f \leq_\gamma^{\mathcal{Z}} g$ genau dann, wenn diese Wahrscheinlichkeit asymptotisch gegen Null strebt. Dabei sind nur Eingabelängen n relevant, für die

$$\gamma(\Sigma^n) > 0$$

gilt, d.h. für die es Eingaben x mit $|x| = n$ und $\gamma(x) > 0$ gibt. Deshalb wird das asymptotische Verhalten der Folge

$$\Big\{ s_\gamma(n) \cdot \sum_{\substack{x \in \Sigma^n \\ f(x) > g(x)}} \gamma_n(x) \Big\}_{n \in \mathbb{N}_0}$$

untersucht, die nur dann positive Werte annimmt, wenn $s_\gamma(n) > 0$ und somit $\gamma(\Sigma^n) > 0$ gilt.

Weitere positive Beispiele

Weitere Beispiele für starke average-case Modelle sind alle Vergleichsmodelle der Form $R = (\mathcal{F}, V)$ mit

$$V = \Big\{ (f, \gamma, g) \ : \ \gamma \in \mathcal{D} \ \text{und für alle } w \in S \text{ gilt}$$

$$\sum_{\substack{x \in \Sigma^* \\ f(x) > g(x)}} s_\gamma(|x|) \cdot w(|x|) \cdot \gamma_{|x|}(x) < \infty \Big\},$$

wobei S eine Menge von Funktionen $w : \mathbb{N}_0 \to \mathbb{N}$ ist.

Ein Beispiel dieser Art ist $\mathcal{SR} = (\mathcal{F}, V)$ mit

$$V = \Big\{ (f, \gamma, g) \ : \ \gamma \in \mathcal{D} \ \text{und für alle } t \in \mathbb{N} \text{ gilt}$$

$$\sum_{\substack{x \in \Sigma^* \\ f(x) > g(x)}} s_\gamma(|x|) \cdot |x|^t \cdot \gamma_{|x|}(x) < \infty \Big\}.$$

Da die Beweise dieser Aussagen die gleichen Beweistechniken verwenden, die im
Beweis von Satz 2.14 verwendet werden, verzichten wir hier auf die Beweise.

2.3.4 Negative Beispiele

In Abschnitt 2.4.4 geben wir positive Beispiele für sogenannte schwache average-case
Modelle an. Diese Beispiele sind keine starken average-case Modelle, wie in Abschnitt
2.4.4 gezeigt wird. Darüber hinaus sind auch alle Vergleichsmodelle, die keine schwachen average-case Modelle sind (siehe Abschnitt 2.4.5), keine starken average-case
Modelle, wie wir in Abschnitt 2.4.3 zeigen. In diesem Abschnitt beschränken wir uns
daher auf drei Beispiele.

Wie man leicht sieht, gilt der folgende Satz:

Satz 2.18 *Das Vergleichsmodell* $\mathcal{W} = (\mathcal{F}, \mathcal{F} \times \mathcal{D} \times \mathcal{F})$ *(Seite 25) hat die Eigenschaften (ST), (SMA), (MK), (MV), (SA), aber nicht (V). Somit ist* $\mathcal{W}$ *kein starkes
average-case Modell.*

Als weiteres Beispiel untersuchen wir das Vergleichsmodell $R = (\mathcal{F}, V)$ mit

$$V = \{(f, \gamma, g) \ : \ \gamma \in \mathcal{D} \text{ und für alle } n \in I\!N \text{ gilt}$$
$$f(0^n) \leq g(0^n) \text{ oder } \gamma(0^n) = 0\}.$$

Hier spielen nur die Instanzen x eine Rolle, die ausschließlich aus Nullen bestehen. Sei
zum Beispiel $f(x) = 2^{|x|}$ und $g(x) = 1$, das heißt, g ist die Funktion, die konstant den
Wert 1 annimmt, sei weiter γ beliebig, nehme aber an allen $x \in \{0\}^*$ den Wert 0 an.
Dann gilt nach obiger Definition $f \leq_\gamma^R g$. Also ist R nicht stark antisymmetrisch. Das
entspricht auch der Intuition, da die Funktion f im obigen Beispiel an allen Stellen
erheblich größer als g ist und die Dichte γ aus einer großen Menge von Dichten frei
gewählt werden kann.

Wir zeigen nun, daß das Levinsche Modell einige Eigenschaften eines starken average-
case Modells nicht hat. Daher werden wir im nächsten Abschnitt diese abschwächen,
um in unserer Theorie auch dieses Modell mit zu umfassen.

Satz 2.19 *Das Levinsche Modell (Seite 24) ist weder stark transitiv noch stark antisymmetrisch.*

Beweis: Wir zeigen zunächst, daß L nicht stark transitiv ist. Sei $f(x) = |x|^{12}$,
$g(x) = |x|^4$ und $h(x) = |x|^3$, und sei

$$\gamma(x) = c \cdot 2^{-|x|} \cdot |x|^{-3}(1 + \log_2 |x|)^{-2},$$

wobei c die Normierungskonstante ist. Dann gilt $f \leq_\gamma^L g$ und $g \leq_\gamma^L h$, denn

$$
\begin{aligned}
\sum_{x \in \Sigma^+} \gamma(x) \cdot \frac{f(x)^{1/4}}{|x|} &= c \cdot \sum_{x \in \Sigma^+} 2^{-|x|} \cdot |x|^{-3} \cdot (1 + \log_2 |x|)^{-2} \cdot |x|^2 \\
&= c \cdot \sum_{n \in \mathbb{N}} n^{-1} \cdot (1 + \log_2 n)^{-2} \\
&< \infty
\end{aligned}
$$

und

$$
\begin{aligned}
\sum_{x \in \Sigma^+} \gamma(x) \cdot \frac{g(x)^{1/3}}{|x|} &= c \cdot \sum_{x \in \Sigma^+} 2^{-|x|} \cdot |x|^{-3} \cdot (1 + \log_2 |x|)^{-2} \cdot |x|^{1/3} \\
&= c \cdot \sum_{n \in \mathbb{N}} n^{-8/3} \cdot (1 + \log_2 n)^{-2} \\
&< \infty.
\end{aligned}
$$

Aber $f \not\leq_\gamma^L h$, denn

$$
\begin{aligned}
\sum_{x \in \Sigma^+} \gamma(x) \cdot \frac{f(x)^{1/3}}{|x|} &= c \cdot \sum_{x \in \Sigma^+} 2^{-|x|} \cdot |x|^{-3} \cdot (1 + \log_2 |x|)^{-2} \cdot |x|^3 \\
&= c \cdot \sum_{n \in \mathbb{N}} (1 + \log_2 n)^{-2} \\
&= \infty.
\end{aligned}
$$

Das Levinsche Modell ist auch nicht stark antisymmetrisch. Um dies zu sehen, betrachte man $f(x) = |x|^3$, $g(x) = |x|^2$ und

$$
\gamma(x) = \begin{cases} \frac{c}{|x|^2 \cdot 2^{|x|}} & \text{falls } x \neq \varepsilon, \\ 0 & \text{falls } x = \varepsilon, \end{cases}
$$

wobei $c \in \mathbb{R}^+$ die Normierungskonstante ist.

Dann gilt

$$
\begin{aligned}
\sum_{x \in \Sigma^+} \gamma(x) \cdot \frac{f(x)^{1/2}}{|x|} &= \sum_{x \in \Sigma^+} \gamma(x) \cdot |x|^{1/2} \\
&= \sum_{x \in \Sigma^+} \frac{c}{|x|^{3/2} \cdot 2^{|x|}} \\
&< \infty.
\end{aligned}
$$

Daraus folgt, daß $f \leq_\gamma^L g$. Da aber $g < f$ gilt und $|\mathcal{SUP}(\gamma)| = \infty$, ist somit L nicht stark antisymmetrisch. Daraus folgt die Behauptung. $\blacksquare$

In der klassischen Komplexitätstheorie beschäftigt man sich in der Regel mit Komplexitätsklassen wie P, *Exptime* u.ä. Der Anspruch der Levinschen Definition besteht nur darin, festzulegen, ob eine Funktion im Mittel polynomiell ist oder nicht. Daher ist es nicht verwunderlich, daß für Polynomfunktionen keine starke Antisymmetrie vorliegt. Ist dagegen zum Beispiel $g(x) = |x|$, $f(x) = 2^{|x|}$ und $\gamma_{N_0}(n) \geq \frac{1}{n^t}$ für ein $t > 1$, so sieht man leicht, daß $f \not\leq_\gamma^L g$, d.h. in Fällen, in denen f "erheblich" von g abweicht und γ_{N_0} nicht "zu schnell" mit wachsendem n fällt, können f und g sehr wohl im Levinschen Modell unterschieden werden.

2.4 Schwache average-case Modelle

Wir schwächen nun die Forderungen an ein Vergleichsmodell derart ab, daß sich auch das Levinsche Modell verallgemeinern und in die Theorie der *schwachen average-case Modelle* einordnen läßt.

Wie wir im Beweis von Satz 2.19 gezeigt haben, gibt es Beispiele für Vergleichsmodelle $R = (H, V)$, die nicht stark antisymmetrisch sind. Genauer: Es gibt unendliche Dichten μ und Funktionen f, g, so daß $g <_{SUP(\mu)} f$, aber $f \leq_\mu^R g$ gilt.

Möglicherweise ist die starke Antisymmetrieeigenschaft eine zu restriktive Forderung an ein average-case Modell. Daher schwächen wir die Antisymmetriebedingung ab. Eine erste Abschwächung besteht darin, daß wir nicht mehr fordern, daß aus $g <_{SUP(\gamma)} f$ folgt, daß $f \not\leq_\gamma^R g$ gilt, sondern nur noch verlangen, daß zu jedem g ein $f \in H$ mit $f > g$ existiert, so daß für alle unendlichen Dichten γ gilt: $f \not\leq_\gamma^R g$. Somit soll für Funktionenpaare $f, g \in \mathcal{F}$ derart, daß g "sehr viel" kleiner als f ist, und für unendliche Dichten γ die Beziehung $f \not\leq_\gamma^R g$ gelten. Dabei ist das Vergleichsmodell R dafür maßgeblich, wie "sehr" definiert ist.

Betrachtet man zwei verschiedene unendliche Dichten γ und τ, wobei für fast alle $n \in N_0$ die Ungleichungen $\gamma_{N_0}(n) \geq \frac{1}{n^3}$ und $\tau_{N_0}(n) \geq \frac{1}{2^n}$ gelten, so fällt die "Bedeutung", d.h. die Wahrscheinlichkeit des Auftretens der Eingaben mit steigender Stringlänge, bei γ wesentlich langsamer als bei τ. Bei τ liegt die "Masse" der Wahrscheinlichkeit stärker bei Eingaben kleiner Länge als bei γ. Anders ausgedrückt: τ ist einer endlichen Verteilung näher verwandt als γ. Wir ordnen daher die Dichten μ gemäß dem Verhalten von μ_{N_0}.

Definition 2.20 *Sei $\omega : N_0 \to [0, 1]$ eine Dichte auf N_0. Wir bezeichnen mit $\mathcal{D}_\omega$ die Menge aller unendlichen Dichten $\gamma \in \mathcal{D}$ mit folgenden Eigenschaften:*

1. $SUP(\gamma_{N_0}) \subseteq SUP(\omega)$.

2. Es gilt $\displaystyle\lim_{\substack{n \to \infty \\ s_\gamma(n)=1}} \frac{\omega(n)}{\gamma_{N_0}(n)} < \infty$.

Ist ω eine Dichte auf $I\!N_0$ und ist $\gamma \in \mathcal{D}_\omega$, so bedeutet dies, daß unter der Dichte γ die Wahrscheinlichkeiten für zunehmende Eingabelängen weniger schnell fallen als die Funktion ω.

Definition 2.21 *Ist Ω eine Menge von Dichten auf $I\!N_0$, so setzen wir*

$$\mathcal{D}_\Omega = \bigcup_{\omega \in \Omega} \mathcal{D}_\omega.$$

Seien $f, g \in \mathcal{F}$. In der Levinschen Definition wird ein Zusammenhang hergestellt zwischen der Wahrscheinlichkeit, mit der ein x mit $f(x) > g(x)$ auftritt, und der Größe der Abweichung des Wertes $f(x)$ vom Wert $g(x)$. Gibt es zu viele dieser Abweichungen, in denen entweder die Größe der Abweichung oder die Wahrscheinlichkeit für die Abweichungsstelle groß ist, so gilt $f \not\leq_\gamma^L g$.

Gegeben eine Funktion g und gegeben eine Dichte ω auf $I\!N_0$, so findet man stets eine Funktion f, so daß im Levinschen Modell $f \not\leq_\gamma^L g$ für alle $\gamma \in \mathcal{D}_\omega$ gilt. Wir zeigen diese Aussage in Lemma 2.34. Man sieht leicht, daß die Funktion f um so schneller wachsen muß, je schneller ω fällt.

Definition 2.22 *Sei $R = (H, V)$ ein Vergleichsmodell und ω eine Dichte auf $I\!N_0$.*

1. *Sei $g \in H$ und $f \in \mathcal{F}$. Gilt $f > g$ und gilt für alle $\gamma \in \mathcal{D}_\omega$, daß*

$$f \not\leq_\gamma^R g,$$

   so sagen wir, daß f die Funktion g bezüglich R und ω dominiert.

2. *Gibt es zu allen $g \in H$ ein $f \in \mathcal{F}$, das g bezüglich R und ω dominiert, so heißt R schwach antisymmetrisch bezüglich ω.*

3. *Wir bezeichnen mit Ω_R die Menge aller Dichten ω auf $I\!N_0$, so daß R schwach antisymmetrisch bezüglich ω ist.*

Eine sinnvolle schwache Antisymmetrieforderung könnte darin bestehen, daß man von einem Vergleichsmodell R verlangt, daß Ω_R die Menge aller Dichten auf $I\!N_0$ ist. Es hat sich jedoch gezeigt, daß es günstig ist, die Antisymmetrieforderung noch schwächer zu fassen. Zum Beispiel gilt für das PolySum2-Modell, das wir in Abschnitt 2.4.4 vorstellen werden, daß Ω_R nicht alle Dichten auf $I\!N_0$ enthält, obwohl dieses Modell ansonsten "sinnvolle" Eigenschaften hat.

Wir verlangen von einem Vergleichsmodell R, das schwach antisymmetrisch ist, lediglich, daß $\Omega_R \neq \emptyset$ gilt. Dies wird im folgenden Abschnitt formalisiert.

Darüber hinaus geben wir eine schwache Form der Transitivität, die auch vom Levinschen Modell erfüllt wird, und eine schwache Form der Monotonie bezüglich Addition an, die in weiteren Modellen wichtig ist.

2.4.1　Definition der schwachen average-case Modelle

Definition 2.23 *Sei $R = (H, V)$ ein Vergleichsmodell.*

  1. Wir sagen, R ist

    (WT) schwach transitiv, *wenn*

      i. für alle $f \in \mathcal{F}$, $g, h \in H$ aus $f \leq_\gamma^R g$ und $g \leq h$ folgt, daß $f \leq_\gamma^R h$ gilt, und

      ii. für alle $f \in \mathcal{F}$, $g, h \in H$ aus $f \leq_{sup(\gamma)} g$ und $g \leq_\gamma^R h$ folgt, daß $f \leq_\gamma^R h$ gilt.

    (WMA) schwach monoton bezüglich Addition, *wenn es ein $c \geq 1$ gibt, so daß für alle $f_1, f_2 \in \mathcal{F}$, $g_1, g_2 \in H$ aus $f_1 \leq_\gamma^R g_1$, $f_2 \leq_\gamma^R g_2$ folgt, daß*

$$f_1 + f_2 \leq_\gamma^R c \cdot (g_1 + g_2)$$

    gilt. Die kleinste Konstante c mit dieser Eigenschaft bezeichnen wir mit c_R.

    (WA) schwach antisymmetrisch, *wenn $\Omega_R \neq \emptyset$.*

  2. Ein Vergleichsmodell R, das die Eigenschaften (WT), (WMA), (MK), (V), (MV) und (WA) hat, heißt schwaches average-case Modell.

Für schwache average-case Modelle gilt das folgende Lemma:

Lemma 2.24 *Sei $R = (H, V)$ ein Vergleichsmodell, das schwach transitiv ist. Seien ω eine Dichte auf $\mathbb{N}_0$, $g \in H$ und $h \in \mathcal{F}$, so daß h die Funktion g bezüglich R und ω dominiert. Dann gilt für alle $\gamma \in \mathcal{D}_\omega$ und alle $f \in \mathcal{F}$ mit $h \leq_{sup(\gamma)} f$*

$$f \not\leq_\gamma^R g.$$

Beweis: Falls $f \leq_\gamma^R g$ für ein $\gamma \in \mathcal{D}_\omega$ gilt, folgt aus der zweiten Eigenschaft der schwachen Transitivität $h \leq_\gamma^R g$ im Widerspruch dazu, daß h die Funktion g bezüglich R und ω dominiert. Daraus folgt die Behauptung. ∎

2.4.2　Konstruktion schwacher average-case Modelle

Sei S eine Menge von Vergleichsmodellen, und sei $R = (H, V)$ mit

$$H = \bigcap_{(H', V') \in S} H'$$

und

$$V = \{(f, \gamma, g) : \gamma \in \mathcal{D}, \ g \in H \text{ und für alle } R' \in S \text{ gilt } f \leq_\gamma^{R'} g\}.$$

Man sieht leicht, daß folgender Satz gilt:

Satz 2.25

1. *Seien $g \in H$, $f \in \mathcal{F}$ und ω eine Dichte auf $\mathbb{N}_0$. Wenn es ein $R' \in S$ gibt, so daß f die Funktion g bezüglich R' und ω dominiert, so gilt: f dominiert g auch bezüglich R und ω.*

2. *Es gilt:*

$$\bigcup_{R' \in S} \Omega_{R'} \subseteq \Omega_R.$$

3. *Wenn alle $R' \in S$ eine Eigenschaft aus der Menge $\{(ST), (WT), (SMA), (WMA), (MK), (V), (MV), (SA), (WA)\}$ haben, dann hat auch R diese Eigenschaft.*

4. *Wenn ein $R' \in S$ ein schwaches average-case Modell ist, alle $R' \in S$ die Eigenschaften (WT), (WMA), (MK), (V) und (MV) haben und H unbeschränkt ist, dann ist R ein schwaches average-case Modell.*

Beweis:

1. Ist $f > g$ und gilt für alle $\gamma \in \mathcal{D}_\omega$

$$f \not\preceq_\gamma^{R'} g,$$

so folgt

$$f \not\preceq_\gamma^{R} g.$$

Daraus folgt die Behauptung.

2. Sei $\omega \in \bigcup_{R' \in S} \Omega_{R'}$, dann gibt es ein $R' \in S$, so daß für jedes $g \in H'$ ein $f \in \mathcal{F}$ existiert mit: Für alle $\gamma \in \mathcal{D}_\omega$ gilt

$$f \not\preceq_\gamma^{R'} g.$$

Insbesondere gibt es daher für jedes $g \in H$ ein $f \in \mathcal{F}$ mit

$$f \not\preceq_\gamma^{R'} g.$$

Damit gilt auch

$$f \not\preceq_\gamma^{R} g.$$

3. Folgt aus der Definition von R.

4. Diese Aussage folgt aus den zuvor gezeigten Zusammenhängen.

2.4.3   Verhältnis zwischen starken und schwachen average-case Modellen

Wie wir schon angedeutet haben, gilt der folgende Satz:

Satz 2.26 *Jedes starke average-case Modell R ist auch ein schwaches average-case Modell.*

Beweis: Sei $R = (H, V)$ ein starkes average-case Modell. Es genügt zu zeigen, daß die Eigenschaften (WMA), (WT) und (WA) aus den Eigenschaften eines starken average-case Modells folgen.

1. Transitivität:

   (a) Seien $f \in \mathcal{F}, g, h \in H$ mit $f \leq_\gamma^R g$ und $g \leq h$. Da R verträglich mit $\leq$ ist, gilt
   $$g \leq_\gamma^R h.$$
   Da R stark transitiv ist, folgt somit
   $$f \leq_\gamma^R h.$$

   (b) Ist $f \leq_{sup(\gamma)} g$, dann ist $f \leq_\gamma^R g$ gemäß der Verträglichkeitseigenschaft. Ist $g \leq_\gamma^R h$, dann folgt
   $$f \leq_\gamma^R h,$$
   da R stark transitiv ist.

2. Monotonie bezüglich Addition: Aus der starken Monotonie bezüglich Addition folgt direkt die schwache Monotonie bezüglich Addition mit Konstante $c_R = 1$.

6. Antisymmetrie: Sei $g \in H$ beliebig. Zu $g + 1$ gibt es ein $g' \in H$ mit $g + 1 \leq g'$, da R unbeschränkt ist. Aus der Eigenschaft der starken Antisymmetrie folgt für alle unendlichen Dichten $\mu \in \mathcal{D}$, daß
   $$g' \not\leq_\mu^R g.$$
   Daraus folgt, daß Ω_R die Menge aller Dichten auf $I\!N_0$ ist. ·

                                                                                ∎

Wir schließen diesen Abschnitt mit folgenden Satz, der aus Satz 2.12 direkt gefolgert werden kann:

Satz 2.27 *Jedes schwache average-case Modell $R = (H, V)$ mit $H = \mathcal{F}$ ist eine Erweiterung von $\mathcal{FU}$.*

2.4.4 Positive Beispiele

In diesem Abschnitt geben wir eine Erweiterung des Levinschen Modells an, die ein schwaches average-case Modell ist. Darüber hinaus zeigen wir, daß es weitere Beispiele für schwache average-case Modelle gibt.

Das erweiterte Levinsche Modell

Wir führen zunächst einige Begriffe ein:

Definition 2.28 *Eine Funktion $f \in \mathcal{F}$ heißt* längenwachsend, *wenn sie die folgenden Bedingungen erfüllt:*

  1. *f ist nach oben nicht beschränkt.*

  2. *Für alle $x, y \in \Sigma^*$ mit $|x| = |y|$ gilt $f(x) = f(y)$.*

  3. *Für alle $x, y \in \Sigma^*$ mit $|x| < |y|$ gilt $f(x) < f(y)$.*

Wir bezeichnen mit $\mathcal{LW}$ die Menge der längenwachsenden Funktionen $f \in \mathcal{F}$.

Wie man leicht sieht, gilt folgendes Lemma:

Lemma 2.29 *Seien $f, g \in \mathcal{F}$, $c \in \mathbb{R}^+$ und $t \in \mathcal{MW}$. Sind f und g längenwachsend, so sind auch $c \cdot f$, $f + g$, $\max\{f, g\}$, $\min\{f, g\}$, $f \cdot g$ und $t \circ f$ längenwachsend.*

Ist f eine längenwachsende Funktion, so bezeichnen wir mit $\widehat{f} : \mathbb{R}_0^+ \to \mathbb{R}_0^+$ die Funktion, die durch lineare Interpolation zwischen den Stützstellen $(n, f(0^n))$ entsteht, wobei mit 0^0 der leere String ε bezeichnet wird, d.h.

$$\widehat{f}(r) = (1 - r + \lfloor r \rfloor) \cdot f(0^{\lfloor r \rfloor}) + (r - \lfloor r \rfloor) \cdot f(0^{\lfloor r \rfloor + 1}). \qquad (2.4)$$

Da f längenwachsend ist, ist $\widehat{f}$ streng monoton wachsend auf $\mathbb{R}_0^+$ und

$$\widehat{f}(\mathbb{R}_0^+) = [f(\varepsilon), \infty[\subseteq \mathbb{R}.$$

Sei $\widehat{f}^{-1}$ die inverse Funktion zu f auf $[f(\varepsilon), \infty[$. Wir erweitern $\widehat{f}^{-1}$ auf $\mathbb{R}_0^+$, indem wir für $r < f(\varepsilon)$

$$\widehat{f}^{-1}(r) = 0$$

setzen. Somit ist $\widehat{f}^{-1}$ monoton wachsend.

Lemma 2.30

1. *Sind g und h längenwachsend und gilt ferner $g \leq h$, so ist $\widehat{h}^{-1} \leq \widehat{g}^{-1}$.*

2. *Sind g_1 und g_2 längenwachsend, dann ist für alle $r \in \mathbb{R}_0^+$*

$$\widehat{g_1 + g_2}(r) \;=\; \widehat{g_1}(r) + \widehat{g_2}(r). \tag{2.5}$$

3. *Sind g_1, g_2 längenwachsend, dann gilt für alle $r \in \mathbb{R}_0^+$ und alle $\lambda \in [0,1]$ mit $r \in (\widehat{g_1 + g_2})(\mathbb{R}_0^+)$, $\lambda \cdot r \in \widehat{g_1}(\mathbb{R}_0^+)$ und $(1 - \lambda) \cdot r \in \widehat{g_2}(\mathbb{R}_0^+)$ die folgende Ungleichung*

$$\widehat{g_1 + g_2}^{-1}(r) \leq \widehat{g_1}^{-1}(\lambda \cdot r) + \widehat{g_2}^{-1}((1 - \lambda) \cdot r).$$

4. *Ist $t \in \mathcal{MW}$ und ist g längenwachsend, so ist*

$$\widehat{t \circ g} \geq t \circ \widehat{g}.$$

Beweis:

1. Sei $N = \max\{n \in \mathbb{N} : \widehat{g}(n) > \widehat{h}(n)\}$. Für alle $r \geq N + 1$ gilt dann $\widehat{g}(r) \leq \widehat{h}(r)$. Entsprechend gilt für alle $z \in \mathbb{R}$ mit $z \geq \widehat{h}(N + 1)$, daß

$$\widehat{h}^{-1}(z) \leq \widehat{g}^{-1}(z).$$

2. Nach Definition ist für alle $n \in \mathbb{N}_0$

$$\widehat{g_1 + g_2}(n) = (g_1 + g_2)(0^n) = g_1(0^n) + g_2(0^n) = \widehat{g_1}(n) + \widehat{g_2}(n).$$

Daher folgt für alle $r \in \mathbb{R}_0^+$

$$\begin{aligned}
\widehat{g_1 + g_2}(r) &= (1 - r + \lfloor r \rfloor) \cdot \widehat{g_1 + g_2}(\lfloor r \rfloor) + (r - \lfloor r \rfloor) \cdot \widehat{g_1 + g_2}(\lfloor r \rfloor + 1) \\
&= (1 - r + \lfloor r \rfloor) \cdot (\widehat{g_1} + \widehat{g_2})(\lfloor r \rfloor) + (r - \lfloor r \rfloor) \cdot (\widehat{g_1} + \widehat{g_2})(\lfloor r \rfloor + 1) \\
&= \widehat{g_1}(r) + \widehat{g_2}(r).
\end{aligned}$$

3. Vorausgesetzt g_1, g_2 sind längenwachsend, und es gibt $r \in \mathbb{R}_0^+$ und $\lambda \in [0,1]$, so daß die Argumente in der folgenden Ungleichung in den entsprechenden Definitionsbereichen enthalten sind. Gilt

$$(\widehat{g_1 + g_2})^{-1}(r) > \widehat{g_1}^{-1}(\lambda \cdot r) + \widehat{g_2}^{-1}((1 - \lambda) \cdot r),$$

dann folgt aus der Tatsache, daß $\widehat{g}_1$, $\widehat{g}_2$ und $\widehat{g_1 + g_2}$ streng monoton wachsen, und mittels der Identität (2.5)

$$
\begin{aligned}
r &= (\widehat{g_1 + g_2})((g_1 + g_2)^{-1}(r)) \\
&> (\widehat{g_1 + g_2})(\widehat{g}_1^{-1}(\lambda \cdot r) + \widehat{g}_2^{-1}((1 - \lambda) \cdot r)) \\
&= \widehat{g}_1(\widehat{g}_1^{-1}(\lambda \cdot r) + \widehat{g}_2^{-1}((1 - \lambda) \cdot r)) + \widehat{g}_2(\widehat{g}_1^{-1}(\lambda \cdot r) + \widehat{g}_2^{-1}((1 - \lambda) \cdot r)) \\
&\geq \widehat{g}_1(\widehat{g}_1^{-1}(\lambda \cdot r)) + \widehat{g}_2(\widehat{g}_2^{-1}((1 - \lambda) \cdot r)) \\
&= \lambda \cdot r + (1 - \lambda) \cdot r \\
&= r.
\end{aligned}
$$

Das ist ein Widerspruch. Somit folgt die Behauptung.

4. Es gilt für alle $n \in I\!N$

$$
\widehat{t \circ g}(n) = t \circ g(0^n) = t(g(0^n)) = t(\widehat{g}(n)),
$$

und daher folgt

$$
\begin{aligned}
\widehat{t \circ g}(r) &= (1 - r + \lfloor r \rfloor) \cdot t(\widehat{g}(\lfloor r \rfloor)) + (r - \lfloor r \rfloor) \cdot t(\widehat{g}(\lfloor r \rfloor + 1)) \\
&\geq t((1 - r + \lfloor r \rfloor) \cdot \widehat{g}(\lfloor r \rfloor) + (r - \lfloor r \rfloor) \cdot \widehat{g}(\lfloor r \rfloor + 1)) \\
&= t(\widehat{g}(r)).
\end{aligned}
$$

Dabei gilt die Ungleichung, da $t \in \mathcal{MW}$ und somit konvex auf $I\!R_0^+$ ist.

$\blacksquare$

Definition 2.31 *Unter dem* erweiterten Levinschen Modell *bzw. dem* (erweiterten) Levinschen Vergleichsmodell *verstehen wir* $\mathcal{L} = (H, V)$ *mit*

$$
H = \mathcal{LW}
$$

und

$$
V = \Big\{ (f, \gamma, g) \ : \ \gamma \in \mathcal{D}, \ g \in H \ \text{und es gilt}
$$
$$
\sum_{x \in \Sigma^+} \gamma(x) \cdot \frac{\widehat{g}^{-1}(f(x))}{|x|} < \infty \Big\}.
$$

Wir zeigen zunächst, daß $\mathcal{L}$ eine Erweiterung des Levinschen Modells ist:

Satz 2.32 *Das Vergleichsmodell $\mathcal{L}$ ist eine Erweiterung des Levinschen Modells (Seite 24).*

Beweis: Sei $t \in I\!N$ und $g(x) = |x|^t$. Dann gilt für alle $r \in I\!R_0^+$:

$$(r+1)^t \geq (\lceil r \rceil)^t \geq \widehat{g}(r) \geq (\lfloor r \rfloor)^t \geq (r-1)^t.$$

Damit folgt für alle y im Bild der Funktion $\widehat{g}$, d.h. für $y \geq 0$

$$y^{1/t} + 1 \geq \widehat{g}^{-1}(y) \geq y^{1/t} - 1.$$

Sei $S = \{x \in \Sigma^* \; : \; f(x)^{1/t} < 1\}$.

Dann folgt

$$\left(\sum_{x \in \Sigma^+ \backslash S} \gamma(x) \cdot \frac{f(x)^{1/t}}{|x|} \right) - 1$$

$$\leq \sum_{x \in \Sigma^+ \backslash S} \gamma(x) \cdot \frac{\widehat{g}^{-1}(f(x))}{|x|}$$

$$\leq \left(\sum_{x \in \Sigma^+ \backslash S} \gamma(x) \cdot \frac{f(x)^{1/t}}{|x|} \right) + 1.$$

Darüber hinaus gilt:

$$\sum_{x \in S} \gamma(x) \cdot \frac{\widehat{g}^{-1}(f(x))}{|x|} \leq \sum_{x \in S} \gamma(x) \cdot \frac{\widehat{g}^{-1}(1)}{|x|} < \infty$$

und

$$\sum_{x \in S} \gamma(x) \cdot \frac{f(x)^{1/t}}{|x|} \leq \sum_{x \in S} \gamma(x) \cdot \frac{1}{|x|} < \infty.$$

Also konvergiert

$$\sum_{x \in \Sigma^+} \gamma(x) \cdot \frac{f(x)^{1/t}}{|x|}$$

genau dann, wenn

$$\sum_{x \in \Sigma^+} \gamma(x) \cdot \frac{\widehat{g}^{-1}(f(x))}{|x|}$$

konvergiert, d.h. f ist im Levinschen Modell im Mittel polynomiell bezüglich γ genau dann, wenn es ein $t \in I\!N$ so gibt, daß $f \leq_\gamma^{\mathcal{L}} |\cdot|^t$ gilt. Dabei bezeichnet $|\cdot|^t$ die Funktion, die dem Wert x den Funktionswert $|x|^t$ zuweist. ∎

Satz 2.33 *Das Vergleichsmodell $\mathcal{L}$ ist ein schwaches average-case Modell.*

Bevor wir zum Beweis dieses Satzes kommen, charakterisieren wir die Menge $\Omega_{\mathcal{L}}$. Aus diesem Lemma kann dann die schwache Antisymmetrie gefolgert werden.

Lemma 2.34

1. *Im erweiterten Levinschen Modell (Seite 43) gilt*

$$\Omega_{\mathcal{L}} = \{\omega : \; Dichte \; auf \; I\!N_0\}.$$

2. *Seien $g \in H$ und $\omega \in \Omega_{\mathcal{L}}$. Dann dominiert die Funktion*

$$f(x) = \widehat{g}\Big(\lceil |x| \cdot \max_{m \leq |x|}\{1, \omega(m)\}^{-1}\rceil\Big)$$

die Funktion g bezüglich $\mathcal{L}$ und ω.

Beweis: Sei ω eine Dichte auf $I\!N_0$ und $g \in \mathcal{F}$. Dann gilt für alle $x \in \Sigma^*$

$$\widehat{g}^{-1}(f(x)) \geq |x| \cdot \max_{m \leq |x|}\{1, \omega(m)\}^{-1}.$$

Sei $\gamma \in \mathcal{D}_\omega$, d.h. es gibt eine Konstante $c > 0$, so daß für alle $n \in I\!N$ mit $s_\gamma(n) = 1$

$$\gamma_{I\!N_0}(n) \geq c \cdot \omega(n)$$

gilt. Darüber hinaus ist γ eine unendliche Dichte nach Definition von $\mathcal{D}_\omega$. Es gilt

$$\sum_{x \in \Sigma^+} \gamma(x) \cdot \frac{\widehat{g}^{-1}(f(x))}{|x|}$$

$$\geq \sum_{\substack{n \in I\!N \\ s_\gamma(n)=1}} \gamma_{I\!N_0}(n) \cdot \frac{n \cdot \omega(n)^{-1}}{n}$$

$$\geq \sum_{\substack{n \in I\!N \\ s_\gamma(n)=1}} c \cdot \omega(n) \cdot \omega(n)^{-1}$$

$$= \infty.$$

Somit gilt für alle $\gamma \in \mathcal{D}_\omega$, daß

$$f \not\leq_\gamma^{\mathcal{L}} g. \qquad \blacksquare$$

Wir beweisen nun, daß das erweiterte Levinsche Modell ein schwaches average-case Modell ist.

Beweis von Satz 2.33: Nach Definition ist $\mathcal{L}$ unbeschränkt. Wir müssen zeigen, daß alle Eigenschaften eines schwachen average-case Modells vorliegen.

1. (WT):

   i. Seien $f \leq_\gamma^{\mathcal{L}} g$, und sei h eine längenwachsende Funktion mit $g \leq h$. Dann gilt gemäß der ersten Aussage von Lemma 2.30

$$\widehat{h}^{-1} \leq \widehat{g}^{-1}.$$

Sei $N \in I\!\!N$ so gewählt, daß für alle $r \geq N$

$$\widehat{h}^{-1}(r) \leq \widehat{g}^{-1}(r)$$

gilt. Ist f eine nach oben beschränkte Funktion und ist $B \in I\!\!N$ eine obere Schranke von f, so ist

$$\sum_{x \in \Sigma^+} \gamma(x) \cdot \frac{\widehat{h}^{-1}(f(x))}{|x|} < \infty, \tag{2.6}$$

da $\widehat{h}^{-1}(f(x)) \leq \widehat{h}^{-1}(B)$.

Ist f nicht beschränkt, dann ist

$$
\begin{aligned}
&\sum_{x \in \Sigma^+} \gamma(x) \cdot \frac{\widehat{h}^{-1}(f(x))}{|x|} \\
={} & \sum_{f(x)<N} \gamma(x) \cdot \frac{\widehat{h}^{-1}(f(x))}{|x|} + \sum_{f(x)\geq N} \gamma(x) \cdot \frac{\widehat{h}^{-1}(f(x))}{|x|} \\
\leq{} & \sum_{f(x)<N} \gamma(x) \cdot \frac{\widehat{h}^{-1}(N)}{|x|} + \sum_{f(x)\geq N} \gamma(x) \cdot \frac{\widehat{h}^{-1}(f(x))}{|x|} \\
\leq{} & \sum_{f(x)<N} \gamma(x) \cdot \frac{\widehat{h}^{-1}(N)}{|x|} + \sum_{f(x)\geq N} \gamma(x) \cdot \frac{\widehat{g}^{-1}(f(x))}{|x|} \\
\leq{} & \sum_{f(x)<N} \gamma(x) \cdot \frac{\widehat{h}^{-1}(N)}{|x|} + \sum_{x \in \Sigma^+} \gamma(x) \cdot \frac{\widehat{g}^{-1}(f(x))}{|x|} \\
<{} & \infty,
\end{aligned}
$$

denn die erste Summe konvergiert gemäß Ungleichung (2.6) und die zweite Summe konvergiert, da $f \leq_\gamma^{\mathcal{L}} g$ gilt. Somit ist $f \leq_\gamma^{\mathcal{L}} h$.

  ii. Seien $f \leq_{\mathcal{SUP}(\gamma)} g$ und $g \leq_\gamma^{\mathcal{L}} h$. Sei $N \in I\!\!N$ so gewählt, daß für alle $x \in \mathcal{SUP}(\gamma)$ mit $|x| \geq N$

$$f(x) \leq g(x)$$

gilt. Da h längenwachsend ist, ist $\widehat{h}^{-1}$ monoton wachsend. Somit gilt für alle $x \in \mathcal{SUP}(\gamma)$ mit $|x| \geq N$:

$$\widehat{h}^{-1}(f(x)) \leq \widehat{h}^{-1}(g(x)).$$

Also folgt

$$\sum_{x \in \Sigma^+} \gamma(x) \cdot \frac{\widehat{h}^{-1}(f(x))}{|x|}$$

$$\leq \sum_{0 < |x| < N} \gamma(x) \cdot \frac{\widehat{h}^{-1}(f(x))}{|x|} + \sum_{|x| \geq N} \gamma(x) \cdot \frac{\widehat{h}^{-1}(f(x))}{|x|}$$

$$\leq \sum_{0 < |x| < N} \gamma(x) \cdot \frac{\widehat{h}^{-1}(f(x))}{|x|} + \sum_{|x| \geq N} \gamma(x) \cdot \frac{\widehat{h}^{-1}(g(x))}{|x|}$$

$$\leq \sum_{0 < |x| < N} \gamma(x) \cdot \frac{\widehat{h}^{-1}(f(x))}{|x|} + \sum_{x \in \Sigma^+} \gamma(x) \cdot \frac{\widehat{h}^{-1}(g(x))}{|x|}$$

$$< \infty,$$

denn die erste Summe ist endlich und die zweite Summe konvergiert nach Voraussetzung. Somit folgt $f \leq_\gamma^{\mathcal{L}} h$.

2. (SMA) und (WMA): Seien $f_1 \leq_\gamma^{\mathcal{L}} g_1, f_2 \leq_\gamma^{\mathcal{L}} g_2$. Sei $N_1 = g_1(\varepsilon) + 1$ und $N_2 = g_2(\varepsilon) + 1$. Dann gilt nach Definition von $g_1 \widehat{+} g_2$ und gemäß Lemma 2.30 für alle $x \in \Sigma^*$:

$$g_1 \widehat{+} g_2^{-1}(f_1(x) + f_2(x))$$

$$\leq g_1 \widehat{+} g_2^{-1}(\max(N_1, f_1(x)) + \max(N_2, f_2(x)))$$

$$\leq \widehat{g_1}^{-1}(\lambda \cdot (\max(N_1, f_1(x)) + \max(N_2, f_2(x))))$$

$$\quad + \widehat{g_2}^{-1}((1 - \lambda) \cdot (\max(N_1, f_1(x)) + \max(N_2, f_2(x))))$$

$$\leq \widehat{g_1}^{-1}(\max(N_1, f_1(x))) + \widehat{g_2}^{-1}(\max(N_2, f_2(x))),$$

mit

$$\lambda = \frac{\max(N_1, f_1(x))}{\max(N_1, f_1(x)) + \max(N_2, f_2(x))}.$$

Dann ist

$$\sum_{x \in \Sigma^+} \gamma(x) \cdot \frac{g_1 \widehat{+} g_2^{-1}(f_1(x) + f_2(x))}{|x|}$$

$$\leq \sum_{x \in \Sigma^+} \gamma(x) \cdot \frac{\widehat{g_1}^{-1}(\max(N_1, f_1(x)))}{|x|} + \sum_{x \in \Sigma^+} \gamma(x) \cdot \frac{\widehat{g_2}^{-1}(\max(N_2, f_2(x)))}{|x|}$$

$$\leq \sum_{x \in \Sigma^+} \gamma(x) \cdot \frac{\widehat{g_1}^{-1}(N_1)}{|x|} + \sum_{x \in \Sigma^+} \gamma(x) \cdot \frac{\widehat{g_2}^{-1}(N_2)}{|x|}$$

$$\quad + \sum_{x \in \Sigma^+} \gamma(x) \cdot \frac{\widehat{g_1}^{-1}(f_1(x))}{|x|} + \sum_{x \in \Sigma^+} \gamma(x) \cdot \frac{\widehat{g_2}^{-1}(f_2(x))}{|x|}$$

$$< \infty,$$

da $f_1 \leq^{\mathcal{L}}_\gamma g_1$ und $f_2 \leq^{\mathcal{L}}_\gamma g_2$ gilt. Somit ist $f_1 + f_2 \leq^{\mathcal{L}}_\gamma g_1 + g_2$. Also ist $\mathcal{L}$ stark additiv monoton.

Aus dem Beweis von Satz 2.26 folgt, daß $\mathcal{L}$ auch schwach additiv monoton ist.

3. (MK): Sei $t \in \mathcal{MW}$ und $f \leq^{\mathcal{L}}_\gamma g$. Dann ist $t \circ g$ längenwachsend, da $g \in H$ längenwachsend und t streng monoton wachsend auf $I\!\!R_0^+$ ist. Somit ist

$$t \circ g \in H.$$

Nach Lemma 2.30 folgt

$$\widehat{t \circ g} \geq t \circ \hat{g},$$

und damit ist

$$(\widehat{t \circ g})^{-1} \leq \hat{g}^{-1} \circ t^{-1}.$$

Daher ist

$$\sum_{x \in \Sigma^+} \gamma(x) \cdot \frac{(\widehat{t \circ g})^{-1}(t(f(x)))}{|x|} \; \leq \; \sum_{x \in \Sigma^+} \gamma(x) \cdot \frac{\hat{g}^{-1}(t^{-1}(t(f(x))))}{|x|}$$

$$= \; \sum_{x \in \Sigma^+} \gamma(x) \cdot \frac{\hat{g}^{-1}(f(x))}{|x|}$$

$$< \; \infty,$$

und es gilt $t \circ f \leq^{\mathcal{L}}_\gamma t \circ g$.

4. (V): Sei $\gamma \in \mathcal{D}$. Seien $f \in \mathcal{F}$, g längenwachsend und $f \leq_{SUP(\gamma)} g$. Sei $N \in I\!\!N$ so gewählt, daß für alle $x \in SUP(\gamma)$ mit $|x| \geq N$ gilt: $f(x) \leq g(x) = \hat{g}(|x|)$. Dann folgt für fast alle $x \in SUP(\gamma)$ mit $|x| \geq N$

$$\hat{g}^{-1}(f(x)) \leq |x|.$$

Da für die endlich vielen $x \in \Sigma^*$ mit $|x| \leq N$ der Wert

$$\hat{g}^{-1}(f(x))$$

durch eine Konstante beschränkt wird, folgt insgesamt

$$\sum_{x \in \Sigma^+} \gamma(x) \cdot \frac{\hat{g}^{-1}(f(x))}{|x|} < \infty.$$

5. (MV): Sei $f \leq^{\mathcal{L}}_\gamma g$ und $\tau \leq_{(f,g)} \gamma$. Seien $S_1 = \{x : f(x) > g(x)\}$ und $S_2 = \Sigma^+ \setminus S_1$. Für alle $x \in S_2$ gilt dann

$$\hat{g}^{-1}(f(x)) \leq |x|,$$

denn

$$f(x) \leq g(x) = \widehat{g}(|x|).$$

Da $\tau \leq_{(f,g)} \gamma$ ist, folgt für fast alle $x \in S_1$, daß $\tau(x) \leq \gamma(x)$ gilt. Sei

$$S_3 = \{x \in S_1 \; : \; \tau(x) \leq \gamma(x)\}.$$

Dann ist die folgende Summe endlich:

$$c = \sum_{x \in S_1 \setminus S_3} \tau(x) \cdot \frac{\widehat{g}^{-1}(f(x))}{|x|} < \infty.$$

Damit folgt

$$
\begin{aligned}
&\sum_{x \in \Sigma^+} \tau(x) \cdot \frac{\widehat{g}^{-1}(f(x))}{|x|} \\
= \; & \Big(\sum_{x \in S_1} \tau(x) \cdot \frac{\widehat{g}^{-1}(f(x))}{|x|} \Big) + \Big(\sum_{x \in S_2} \tau(x) \cdot \frac{\widehat{g}^{-1}(f(x))}{|x|} \Big) \\
\leq \; & \Big(\sum_{x \in S_1} \tau(x) \cdot \frac{\widehat{g}^{-1}(f(x))}{|x|} \Big) + 1 \\
\leq \; & \Big(\sum_{x \in S_3} \gamma(x) \cdot \frac{\widehat{g}^{-1}(f(x))}{|x|} \Big) + 1 + c \\
\leq \; & \sum_{x \in \Sigma^+} \gamma(x) \cdot \frac{\widehat{g}^{-1}(f(x))}{|x|} + 1 + c \\
< \; & \infty.
\end{aligned}
$$

Dabei gilt die letzte Ungleichung, da $f \leq^{\mathcal{L}}_{\gamma} g$ gilt. Somit folgt $f \leq^{\mathcal{L}}_{\tau} g$.

6. (WA): Die Eigenschaft der schwachen Antisymmetrie folgt aus Lemma 2.34.

∎

Man beachte, daß nach Satz 2.19 keine Erweiterung des Levinschen Modells ein starkes average-case Modell ist.

Unsere Erweiterung des Levinschen Modells ist unabhängig von den in [40] und in [37] vorgestellten Verallgemeinerungen entstanden. Die Formalisierungen sind in allen Fällen recht ähnlich.

Das PolySum2-Modell

Definition 2.35 *Als* PolySum2-Modell *bezeichnen wir das Vergleichsmodell* $\mathcal{S} = (\mathcal{F}, V)$ *mit*

$$V = \Big\{(f, \gamma, g): \ \gamma \in \mathcal{D} \text{ und für alle } t \in I\!N \text{ gilt } \sum_{\substack{x \in \Sigma^* \\ f(x) > g(x)}} |x|^t \cdot \gamma(x) < \infty \Big\}.$$

Das PolySum2-Modell ist ein Spezialfall einer ganzen Familie von Modellen. Wir geben zunächst einen Satz über diese allgemeineren Modelle an und leiten dann die entsprechenden Sätze für das PolySum2-Modell ab.

Satz 2.36

1. *Sei* $w : I\!N_0 \to I\!N$ *eine Funktion, für die*

$$\sum_{n \geq 0} \frac{1}{w(n)} < \infty$$

gilt. Sei $R = (\mathcal{F}, V)$ *mit*

$$V = \Big\{(f, \gamma, g): \ \gamma \in \mathcal{D} \text{ und es gilt } \sum_{\substack{x \in \Sigma^* \\ f(x) > g(x)}} w(|x|) \cdot \gamma(x) < \infty \Big\}.$$

   Dann ist R *ein schwaches aber kein starkes average-case Modell.*

2. *Die Menge* Ω_R *enthält die Menge aller unendlichen Dichten* ω *auf* $I\!N_0$, *die*

$$\lim_{\substack{n \to \infty \\ \omega(n) > 0}} \frac{1}{w(n) \cdot \omega(n)} < \infty$$

   erfüllen.

3. *Sei* $g \in \mathcal{F}$. *Die Funktion* $f(x) = g(x) + 1$ *dominiert* g *bezüglich* R *und* ω *für alle* $\omega \in \Omega_R$.

Beweis: Es folgt aus der Definition, daß R unbeschränkt ist.

Wählt man zwei Funktionen f, g mit $f > g$ und

$$\gamma(x) = c \cdot \frac{1}{w(|x|) \cdot |x|^2 \cdot 2^{|x|}},$$

wobei c die Normierungskonstante ist, so ist

$$\sum_{\substack{x \in \Sigma^* \\ f(x) > g(x)}} w(|x|) \cdot \gamma(x) \leq \sum_{n \in N} w(n) \cdot \frac{c}{w(n) \cdot n^2} < \infty.$$

Somit ist R nicht stark antisymmetrisch und daher kein starkes average-case Modell. Gegeben eine Dichte ω auf $I\!N_0$, so daß

$$\lim_{\substack{n \to \infty \\ \omega(n) > 0}} \frac{1}{w(n) \cdot \omega(n)} < \infty$$

gilt, dann gibt es eine Konstante $d > 0$, so daß für alle $n \in \mathcal{SUP}(\omega)$ gilt

$$d \cdot \frac{1}{w(n)} < \omega(n).$$

Sei $g \in \mathcal{F}$. Setze $f(x) = g(x) + 1$. Sei $\gamma \in \mathcal{D}_\omega$. Dann gilt nach Definition von $\mathcal{D}_\omega$

$$\sum_{\substack{x \in \Sigma^* \\ f(x) > g(x)}} w(|x|) \cdot \gamma(x) \geq \sum_{\substack{n \in I\!N_0 \\ s_\gamma(n) = 1}} w(n) \cdot c' \cdot \omega(n) \geq \sum_{\substack{n \in I\!N_0 \\ s_\gamma(n) = 1}} c' \cdot d = \infty$$

für eine geeignete Konstante c', denn nach Definition ist γ eine unendliche Dichte. Somit ist $f \not\leq_\gamma^R g$ und für alle $\omega \in \Omega_R$ dominiert f die Funktion g bezüglich R und ω.

Es folgt: Ω_R enthält die Menge aller unendlichen Dichten ω auf $I\!N_0$, die

$$\lim_{\substack{n \to \infty \\ \omega(n) > 0}} \frac{1}{w(n) \cdot \omega(n)} < \infty$$

erfüllen. Zum Beispiel ist $\omega(n) = \frac{c}{w(n)} \in \Omega_R$, wobei c die Normierungskonstante ist, denn es gilt:

$$\sum_{n \geq 0} \frac{1}{w(n)} < \infty.$$

Wir zeigen nun die restlichen Eigenschaften, die zum Beweis, daß R ein schwaches average-case Modell ist, nötig sind.

1. (ST) und (WT): Seien $f \leq_\gamma^R g, g \leq_\gamma^R h$, dann gilt

$$\sum_{\substack{x \in \Sigma^* \\ f(x) > g(x)}} w(|x|) \cdot \gamma(x) \; < \; \infty,$$

$$\sum_{\substack{x \in \Sigma^* \\ g(x) > h(x)}} w(|x|) \cdot \gamma(x) \; < \; \infty.$$

Wenn $f(x) > h(x)$ gilt, folgt $f(x) > g(x)$ oder $g(x) > h(x)$, und damit folgt

$$
\sum_{\substack{x\in\Sigma^* \\ f(x)>h(x)}} w(|x|)\cdot\gamma(x)
$$
$$
\le \sum_{\substack{x\in\Sigma^* \\ f(x)>g(x)}} w(|x|)\cdot\gamma(x) + \sum_{\substack{x\in\Sigma^* \\ g(x)>h(x)}} w(|x|)\cdot\gamma(x)
$$
$$
< \ \infty.
$$

Also gilt $f \le_\gamma^R h$. Daher ist R stark transitiv und somit auch schwach transitiv.

2. (SMA) und (WMA): Läßt sich analog zu (ST) beweisen.

3. (MK): Man sieht leicht, daß diese Eigenschaft vorliegt.

4. (V): Sei $\gamma \in \mathcal{D}$. Sei $f \in \mathcal{F}$, $g \in H$ und $f \le_{\mathcal{SUP}(\gamma)} g$. Dann gibt es nur endlich viele $x \in \mathcal{SUP}(\gamma)$ mit $f(x) > g(x)$. Somit ist die Summe

$$
\sum_{\substack{x\in\mathcal{SUP}(\gamma) \\ f(x)>g(x)}} w(|x|)\cdot\gamma(x)
$$

endlich und konvergiert.

5. (MV): Ist $f \in \mathcal{F}$, $g \in H$ mit $f \le_\gamma^R g$ und ist τ eine Dichte, so daß für fast alle x mit $f(x) > g(x)$ gilt $\tau(x) \le \gamma(x)$, dann folgt:

$$
\sum_{\substack{x\in\Sigma^* \\ f(x)>g(x)}} w(|x|)\cdot\tau(x) \le c + \sum_{\substack{x\in\Sigma^* \\ f(x)>g(x)}} w(|x|)\cdot\gamma(x) < \infty.
$$

Dabei ist

$$
c = \sum_{\substack{x\in\Sigma^* \\ f(x)>g(x)\wedge\tau(x)>\gamma(x)}} w(|x|)\cdot\tau(x) < \infty.
$$

Somit gilt (MV).

6. (WA): Aus der oben gezeigten Aussage über Ω_R folgt direkt, daß R schwach antisymmetrisch ist.

∎

Die Bedingung im obigen Satz an die Funktion w ist wichtig, um sicherzustellen, daß R schwach antisymmetrisch ist. Sie ist jedoch nur eine hinreichende und keine notwendige Bedingung.

Aus dem Konstruktionsprinzip für schwache average-case Modelle folgt:

Satz 2.37

1. *Sei $W = \{w_i\}_{i \in I\!\!N}$ eine Folge von Funktionen $w_i : I\!\!N_0 \to I\!\!N$ mit*

$$\sum_{n \in I\!\!N_0} \frac{1}{w_i(n)} < \infty.$$

   Dann ist $R = (\mathcal{F}, V)$ mit

$$V = \left\{ (f, \gamma, g) : \ \gamma \in \mathcal{D} \text{ und für alle } i \in I\!\!N \text{ gilt } \sum_{\substack{x \in \Sigma^* \\ f(x) > g(x)}} w_i(|x|) \cdot \gamma(x) < \infty \right\}$$

   ein schwaches aber kein starkes average-case Modell.

2. *Die Menge Ω_R enthält alle unendlichen Dichten ω auf $I\!\!N_0$, die*

$$\lim_{\substack{n \to \infty \\ \omega(n) > 0}} \frac{1}{w_i(n) \cdot \omega(n)} < \infty$$

   für ein $i \in I\!\!N$ erfüllen.

3. *Sei $g \in \mathcal{F}$. Die Funktion $f(x) = g(x) + 1$ dominiert g bezüglich R und ω für alle $\omega \in \Omega_R$.*

Beweis: Aus Satz 2.10, Satz 2.25 und Satz 2.36 folgen alle Behauptungen bis auf die Aussage, daß R kein starkes average-case Modell ist.

Wir setzen dazu

$$w(n) = \frac{c}{\max\{w_1(n), \ldots, w_n(n)\}},$$

wobei c die Normierungskonstante ist. Somit ist w eine Dichte auf $I\!\!N_0$. Sei $g \in \mathcal{F}$ eine beliebige Funktion, und sei $f \in \mathcal{F}$, $f > g$. Setze

$$\gamma(x) = d \cdot \frac{1}{|x|^2 \cdot w(|x|) \cdot 2^{|x|}},$$

wobei d die Normierungskonstante ist. Für alle $i \in I\!\!N$ gilt dann

$$\sum_{\substack{x \in \Sigma^* \\ f(x) > g(x)}} w_i(|x|) \cdot d \cdot \frac{1}{|x|^2 \cdot w(|x|) \cdot 2^{|x|}} < \sum_{n \geq 1} \frac{d}{n^2} < \infty.$$

Somit gilt $f \leq_\gamma^R g$ im Widerspruch zur starken Antisymmetrieeigenschaft. $\blacksquare$

Wir folgern die nachstehenden Aussagen über das PolySum2-Modell:

Satz 2.38

1. *Das Vergleichsmodell S (Seite 50) ist ein schwaches average-case Modell, aber kein starkes average-case Modell.*

2. *Die Menge Ω_S enthält alle unendlichen Dichten ω auf $\mathbb{N}_0$, für die es ein $t \geq 1$ gibt mit*

$$\lim_{\substack{n\to\infty \\ \omega(n)>0}} \frac{1}{n^t \cdot \omega(n)} < \infty.$$

2.4.5   Negative Beispiele

Wir geben in diesem Abschnitt drei Beispiele für unbeschränkte Vergleichsmodelle an, die keine schwachen average-case Modelle sind.

Ein triviales Beispiel ist $\mathcal{W} = (\mathcal{F}, \mathcal{F} \times \mathcal{D} \times \mathcal{F})$ (Seite 25). Nach Satz 2.18 hat $\mathcal{W}$ die Eigenschaft (V) nicht und ist daher kein schwaches average-case Modell.

In Abschnitt 2.2 haben wir einen Spezialfall des *Erwartungswert-Modells*, das wie folgt definiert ist, erwähnt: $\mathcal{E} = (\mathcal{F}, V)$ mit

$$V = \{(f,\gamma,g): \text{ für fast alle } n \in \mathbb{N}_0 \text{ gilt } s_\gamma(n) \cdot E_{\gamma_n}[f(X)] \leq s_\gamma(n) \cdot E_{\gamma_n}[g(X)]\}.$$

Satz 2.39 *Das Erwartungswert-Modell ist kein schwaches average-case Modell.*

Beweis: Wir haben in Abschnitt 2.2 bereits ein Beispiel angegeben, das zeigt, daß das Erwartungswert-Modell nicht monoton bezüglich Komposition ist. ∎

Man sieht aber leicht, daß das Erwartungswert-Modell die Eigenschaften (ST), (SMA), (V), (MV) und (SA) hat.

Als drittes Beispiel untersuchen wir Vergleichsmodelle folgender Bauart: Eine mögliche Vorgehensweise zur Konstruktion von Vergleichsmodellen könnte zum Beispiel darin bestehen, daß man einem Paar aus Verteilung und Funktion einen reellen Wert, eine Art "Maß", zuordnet und zwei Funktionen unter einer Verteilung vergleicht, indem man ihre entsprechenden Werte vergleicht. Genauer:

Sei $w : \mathcal{F} \times \mathcal{D} \to \mathbb{R} \cup \{\infty\}$ eine Abbildung. Sei $H \subseteq \mathcal{F}$. Dann ist $R_{H,w} = (H, V_w)$ mit

$$V_w = \{(f,\gamma,g) \quad : \quad g \in H \text{ und es gilt } w(f,\gamma) \leq w(g,\gamma)\}$$

ein Vergleichsmodell, wie man leicht sieht.

Es gilt der folgende Satz:

Satz 2.40 *Für keine unbeschränkte Menge $H \subseteq \mathcal{F}$ gibt es eine Funktion*

$$w : \mathcal{F} \times \mathcal{D} \to I\!R \cup \{\infty\},$$

so daß $R_{H,w}$ ein schwaches average-case Modell ist.

Beweis: Wir nehmen an, es gäbe ein w, so daß $R = R_{H,w}$ ein schwaches average-case Modell ist. Dann ist $\Omega_R \neq \emptyset$. Sei $\omega \in \Omega_R$ und $\mu \in \mathcal{D}_\omega$. Sei $B = \sup_{h \in H}\{w(h,\mu)\}$. Dann gibt es eine Folge $\{h_i\}_{i \in I\!N_0}$ mit $h_i \in H$, so daß

$$\lim_{i \to \infty} w(h_i, \mu) = B$$

gilt.

Setze $g(x) = \max\{h_1(x), \ldots, h_{|x|}(x)\} + |x|$. Dann ist für alle $i \in I\!N_0$

$$h_i \leq g.$$

Da H unbeschränkt ist, gibt es ein $h \in H$ mit

$$g \leq h.$$

Also gilt gemäß der Eigenschaft der Verträglichkeit für alle $i \in I\!N_0$

$$w(h_i, \mu) \leq w(h, \mu).$$

Daraus folgt

$$w(h, \mu) \geq B.$$

Es gibt gemäß der Eigenschaft der schwachen Antisymmetrie ein $f \in H$, so daß

$$f \not\leq_\mu^R h.$$

Somit gilt

$$B \leq w(h, \mu) < w(f, \mu).$$

Dies ist ein Widerspruch zur Definition von B. ∎

2.5 Das Reischuk-Schindelhauer-Modell

Das von R. Reischuk und Ch. Schindelhauer in [29] vorgestellte Modell ist ebenfalls kein schwaches average-case Modell. Es ist nicht schwach monoton bezüglich Addition. In diesem Modell lassen sich aber wesentlich feinere *Trennungssätze* zeigen, als in den anderen bekannten average-case Modellen.

Werden zwei Funktionen f und g bezüglich einer Dichte μ verglichen, so spielen die Höhe der Wahrscheinlichkeit der einzelnen Eingaben keine Rolle, sondern die Ordnung auf Σ^*, die von μ impliziert wird, ist maßgeblich. Hat man also zwei Dichten μ und γ, die die gleiche Ordnung implizieren, und ist f im Mittel bezüglich der Dichte μ nach oben durch g beschränkt, so ist f im Mittel auch bezüglich γ durch g beschränkt.

Man definiert daher für eine Dichte μ die Funktion $rank_\mu$ wie folgt:

Definition 2.41 *Sei μ eine Dichte auf Σ^*. Dann ist die Rangfunktion von μ*

$$\mathrm{rank}_\mu : \Sigma^* \to I\!N \cup \{\infty\}$$

definiert als

$$\mathrm{rank}_\mu(x) = \begin{cases} |\{z \in \Sigma^* : \mu(z) \geq \mu(x)\}| & \textit{falls } \mu(x) > 0 \\ \infty & \textit{falls } \mu(x) = 0 \end{cases}$$

Definition 2.42 *Für alle Funktionen $t \in \mathcal{F}$, für die $t(x) = t(y)$ für alle $x, y \in \Sigma^*$ mit $|x| = |y|$ gilt, sei*

$$\mathrm{Inv}(t)(n) = \min\{m \in I\!N_0 : t(0^m) \geq n\}.$$

Definition 2.43 *Unter dem* Reischuk-Schindelhauer-Modell *verstehen wir*

$$\mathcal{R} = (H, V)$$

mit

$$H = \{g \in \mathcal{F} : \textit{für alle } x, y \in \Sigma^* \textit{ mit } |x| = |y| \textit{ gilt } g(x) = g(y)\}$$

und

$$V = \Big\{(f, \gamma, g) \ : \ \gamma \in \mathcal{D}, \ g \in H \textit{ und es gilt für alle } l \in I\!N$$
$$\sum_{\substack{x \in \Sigma^+ \\ \mathrm{rank}_\gamma(x) \leq l}} \frac{\mathrm{Inv}(g)(f(x))}{|x|} \leq l\Big\}.$$

Das Reischuk-Schindelhauer-Modell hat die Eigenschaft, Zeitklassen sehr fein trennen zu können. (Vergleiche [29].) Es ist aber insbesondere nicht schwach monoton bezüglich Addition, also kein schwaches average-case Modell. Da wir keine Modifikation des Modells finden konnten, die sowohl ein schwaches average-case Modell darstellt als auch zu vergleichbar aussagekräftigen Trennungsresultaten führt, verzichten wir an dieser Stelle auf weitere Untersuchungen.

2.6 Nicht-Standardaufzählungen

In den vorausgegangenen Abschnitten haben wir die Standardaufzählung unseren Definitionen und Resultaten zugrunde gelegt. Man kann jedoch in analoger Weise für jede beliebige, wiederholungsfreie Aufzählung von Σ^* die verschiedenen Beispiele für Vergleichsmodelle definieren und die entsprechenden Ergebnisse über diese beweisen. Ist φ eine beliebige wiederholungsfreie Aufzählung von Σ^*, so genügt es, in den Abschnitten 2.2 bis 2.4.3 jeweils Σ^n durch M_n^φ, $|\cdot|$ durch die Funktion ℓ^φ und in der Definition des $\hat{\ }$-Operators in Gleichung (2.4) die Argumente $0^{\lfloor r \rfloor}$ und $0^{\lfloor r \rfloor+1}$ durch $\varphi^{-1}((|\Sigma|^{\lfloor r \rfloor-1})/(|\Sigma|-1))$ und $\varphi^{-1}((|\Sigma|^{\lfloor r \rfloor})/(|\Sigma|-1))$ im Fall $|\Sigma| > 1$ bzw. im Fall $|\Sigma| = 1$ durch $\lfloor r \rfloor - 1$ und $\lfloor r \rfloor$ zu ersetzen.

Kapitel 3

Klassen von Dichten und Sprachklassen

In Abschnitt 2.1 haben wir Dichten und Verteilungen auf unendlichen Mengen definiert. In der Literatur werden unterschiedliche Klassen von Dichten untersucht, die wir im folgenden zusammen mit weiteren, für den Rest der Arbeit wichtigen Begriffen einführen werden.

3.1 Dominanzbegriffe

3.1.1 Funktionenweise Dominanz

Ist R ein Vergleichsmodell und gilt $f \leq_\gamma^R g$, so interessiert man sich dafür, welche Dichten τ ebenfalls $f \leq_\tau^R g$ erfüllen. Im Modell $\mathcal{FU}$ (Seite 28) kann diese Frage leicht beantwortet werden: Wenn $|\mathcal{SUP}(\tau) \setminus \mathcal{SUP}(\gamma)| < \infty$ und $f \leq_\gamma^{\mathcal{FU}} g$ gilt, folgt $f \leq_\tau^{\mathcal{FU}} g$.

Allgemein definieren wir:

Definition 3.1 *Ist R ein Vergleichsmodell und sind $\gamma, \tau \in \mathcal{D}$ zwei Dichten mit der Eigenschaft, daß für alle $f, g \in \mathcal{F}$ mit $f \leq_\gamma^R g$ auch $f \leq_\tau^R g$ gilt, so sagen wir, γ dominiert τ funktionenweise bezüglich R.*

3.1.2 Dominanz bezüglich einer Menge von Funktionen

In vielen Fällen vergleicht man eine Laufzeitfunktion nicht mit einer bestimmten anderen Funktion, sondern mit einer Klasse von Funktionen. So wird zum Beispiel in der ursprünglichen Levinschen Definition (Definition 2.2) die Laufzeitfunktion mit der Menge der Polynomfunktionen verglichen. Wir führen daher folgende Definition ein:

Definition 3.2 *Ist $R = (H, V)$ ein Vergleichsmodell, $C \subseteq \mathcal{F}$ und ist $\gamma \in \mathcal{D}$, so setzen wir*

$$C_\gamma^R = \{ f \in \mathcal{F} : \text{ es gibt ein } g \in C \cap H \text{ mit } f \leq_\gamma^R g \}.$$

Ist *Pol* die Menge aller Funktionen $| \cdot |^t$ mit $t \in I\!\!N$, so ist Pol_γ^R die Menge aller Funktionen, die im Mittel polynomiell bezüglich γ und R sind.

Definition 3.3 *Die Dichte $\gamma \in \mathcal{D}$ dominiert die Dichte $\tau \in \mathcal{D}$ bezüglich R und C, wenn gilt*

$$C_\gamma^R \subseteq C_\tau^R.$$

Somit ist die *funktionenweise Dominanz* ein Spezialfall des obigen Dominanzbegriffs. Dominiert γ die Dichte τ funktionenweise bezüglich eines Vergleichsmodells $R = (H, V)$, so dominiert γ die Dichte τ auch bezüglich R und jeder Menge $C \subseteq H$.

Definition 3.4 *Wir sagen, eine Dichte γ begrenzt die Dichte τ polynomiell, wenn es ein $s \in I\!\!N$ gibt, so daß für fast alle $x \in \Sigma^*$ gilt:*

$$\tau(x) \leq |x|^s \cdot \gamma(x).$$

Wir untersuchen nun das PolySum2-Modell $\mathcal{S}$ (Seite 50):

Ist $f \leq_\gamma^{\mathcal{S}} g$, so ist für alle $t \in I\!\!N$

$$\sum_{\substack{x \in \Sigma^* \\ f(x) > g(x)}} |x|^t \cdot \tau(x) \leq \sum_{\substack{x \in \Sigma^* \\ f(x) > g(x)}} |x|^{t+s} \cdot \gamma(x) < \infty.$$

Somit gilt $f \leq_\tau^{\mathcal{S}} g$, und es ergibt sich folgendes Lemma:

Lemma 3.5 *Im $\mathcal{FU}$-Modell (Seite 28) und im PolySum2-Modell (Seite 50) gilt: Begrenzt γ die Dichte τ polynomiell, so wird τ funktionenweise von γ dominiert.*

Im $\mathcal{FU}$-Modell gilt diese Aussage, da für jede Dichte τ, die von einer Dichte γ polynomiell begrenzt wird, gilt:

$$|\mathcal{SUP}(\tau) \setminus \mathcal{SUP}(\gamma)| < \infty.$$

Im erweiterten Levinschen Modell $\mathcal{L}$ (Seite 43) gilt diese Aussage dagegen nicht, wie folgendes Beispiel zeigt. Sei $f(x) = |x|^2$ und $g(x) = |x|$, $\gamma(x) = c_1 \cdot \frac{1}{|x|^3} \cdot 2^{-|x|}$ und $\tau(x) = c_2 \cdot \frac{1}{|x|^2} \cdot 2^{-|x|}$, wobei c_1, c_2 die Normierungskonstanten sind. Dann ist

$$\sum_{x \in \Sigma^+} \gamma(x) \cdot \frac{f(x)^{1/1}}{|x|} = \sum_{x \in \Sigma^+} \gamma(x) \cdot |x|$$
$$= \sum_{n \in I\!\!N} c_1 \cdot \frac{n}{n^3}$$
$$< \infty.$$

Aber es gilt

$$\sum_{x \in \Sigma^+} \tau(x) \cdot \frac{f(x)^{1/1}}{|x|} = \sum_{x \in \Sigma^+} \tau(x) \cdot |x|$$
$$= \sum_{n \in I\!\!N} c_2 \cdot \frac{n}{n^2}$$
$$= \infty.$$

Somit begrenzt γ die Dichte τ zwar polynomiell, aber es gilt $f \leq_\gamma^{\mathcal{L}} g$, während $f \not\leq_\tau^{\mathcal{L}} g$ ist.

Geht man jedoch von der funktionenweise Dominanz zur Dominanz bezüglich Mengen von Funktionen C über, so läßt sich eine Lemma 3.5 entsprechende Aussage für bestimmte Mengen C machen.

Um diese benennen zu können, führen wir folgende Definitionen ein:

Definition 3.6 *Sei $g : \Sigma^* \to I\!\!R_0^+$. Wir definieren*

$$P(g) = \left\{ h \in \mathcal{F} : \text{ es gibt } t \in I\!\!N \text{ mit } h(x) \leq \left(t \cdot \max_{|y| \leq |x|^t} g(y) \right)^t \text{ für alle } x \in \Sigma^* \right\}.$$

Entsprechend sei für $C \subseteq \mathcal{F}$
$$P(C) = \bigcup_{g \in C} P(g).$$

Dann gilt folgendes Lemma:

Lemma 3.7 *Für $C \subseteq \mathcal{F}$ gilt $P(C) = P(P(C))$.*

Beweis: Offensichtlich ist $P(C) \subseteq P(P(C))$.

Sei $h \in P(P(C)) \setminus P(C)$. Dann gibt es ein $g \in P(C)$ und ein $t_1 \in I\!N$, so daß

$$h(x) \le \left(t_1 \cdot \max_{|y| \le |x|^{t_1}} g(y)\right)^{t_1}$$

gilt, und es gibt ein $r \in C$ und ein $t_2 \in I\!N$, so daß

$$g(y) \le \left(t_2 \cdot \max_{|z| \le |y|^{t_2}} r(z)\right)^{t_2}$$

gilt, woraus

$$h(x) \;\le\; \left(t_1 \cdot t_2 \cdot \max_{|z| \le |x|^{t_1 \cdot t_2}} r(z)\right)^{t_1 \cdot t_2}$$

folgt. Also ist $h \in P(C)$, und somit ist das Lemma bewiesen. ∎

Wegen dieser Abschlußeigenschaft nennen wir $P(C)$ den *P-Abschluß* von C. Gilt $C = P(C)$, so heißt C *P-abgeschlossen*.

Satz 3.8 *Sei das erweiterte Levinsche Modell $\mathcal{L} = (H, V)$ (Seite 43) gegeben, $C \subseteq \mathcal{F}$. Begrenzt γ die Dichte τ polynomiell, so dominiert γ die Dichte τ bezüglich $\mathcal{L}$ und $P(C)$.*

Beweis: Gelte für fast alle $x \in \Sigma^*$

$$\tau(x) \le |x|^s \cdot \gamma(x).$$

Sei $f \in P(C)^R_\gamma$, dann gibt es eine längenwachsende Funktion $g \in P(C) \cap H$ mit $f \le^{\mathcal{L}}_\gamma g$. Sei

$$h(x) = 2 \cdot \max_{|y| \le |x|^{s+1}} g(y) = 2 \cdot \widehat{g}(|x|^{s+1}).$$

Dann ist $h \in P(C) \cap H$ und es gibt eine Schranke N, so daß für alle $r > N$ gilt

$$\widehat{h}^{-1}(r) \le \widehat{g}^{-1}(r)^{1/(s+1)}.$$

Denn für alle $n \in I\!N$ gilt

$$\widehat{h}(n) = 2 \cdot \widehat{g}(n^{s+1}),$$

und damit

$$\widehat{h}^{-1}(r) \le \widehat{h}^{-1}(\lceil r \rceil) = \widehat{g}^{-1}(\lceil r \rceil / 2)^{1/(s+1)} \le \widehat{g}^{-1}(r)^{1/(s+1)}.$$

Setze

$$c = \sum_{\substack{x \in \Sigma^+ \\ f(x) \le N}} \tau(x) \cdot \frac{\widehat{h}^{-1}(f(x))}{|x|} < \infty$$

und

$$S = \{x \in \Sigma^+ : f(x) > N \text{ und } \widehat{g}^{-1}(f(x))^{1/(s+1)} > |x|\}.$$

Dann gilt für alle $x \in S$ die Ungleichung

$$\frac{\widehat{g}^{-1}(f(x))^{1/(s+1)}}{|x|} \leq \left(\frac{\widehat{g}^{-1}(f(x))^{1/(s+1)}}{|x|}\right)^{s+1}$$

$$\leq \frac{1}{|x|^s} \cdot \frac{\widehat{g}^{-1}(f(x))}{|x|}.$$

Daraus folgt

$$\sum_{x \in S} \tau(x) \cdot \frac{\widehat{g}^{-1}(f(x))^{1/(s+1)}}{|x|} \leq \sum_{x \in S} \tau(x) \cdot \left(\frac{\widehat{g}^{-1}(f(x))^{1/(s+1)}}{|x|}\right)^{s+1}$$

$$\leq \sum_{x \in S} \tau(x) \cdot \frac{1}{|x|^s} \cdot \frac{\widehat{g}^{-1}(f(x))}{|x|}$$

$$\leq \sum_{x \in S} \gamma(x) \cdot \frac{\widehat{g}^{-1}(f(x))}{|x|}$$

$$\leq \sum_{x \in \Sigma^+} \gamma(x) \cdot \frac{\widehat{g}^{-1}(f(x))}{|x|}$$

$$< \infty.$$

Es ist darüber hinaus

$$\sum_{x \in \Sigma^+ \setminus S} \tau(x) \cdot \frac{\widehat{g}^{-1}(f(x))^{1/(s+1)}}{|x|} < \infty.$$

Damit folgt

$$\sum_{x \in \Sigma^+} \tau(x) \cdot \frac{\widehat{h}^{-1}(f(x))}{|x|}$$

$$\leq c + \sum_{\substack{x \in \Sigma^+ \\ f(x) > N}} \tau(x) \cdot \frac{\widehat{g}^{-1}(f(x))^{1/(s+1)}}{|x|}$$

$$\leq c + \sum_{x \in S} \tau(x) \cdot \frac{\widehat{g}^{-1}(f(x))^{1/(s+1)}}{|x|} + \sum_{x \in \Sigma^+ \setminus S} \tau(x) \cdot \frac{\widehat{g}^{-1}(f(x))^{1/(s+1)}}{|x|}$$

$$< \infty.$$

Somit ist $f \leq_\tau^{\mathcal{L}} h$ und damit $f \in P(C)_\tau^{\mathcal{L}}$.   ■

3.1.3 Die Eigenschaft der polynomiellen Dominanz

Definition 3.9 *Sei $R = (H, V)$ ein Vergleichsmodell. Gilt für alle $C \subseteq \mathcal{F}$, alle $\gamma \in \mathcal{D}$ und alle $\tau \in \mathcal{D}$, die von γ polynomiell begrenzt werden, daß γ die Dichte τ bezüglich R und $P(C)$ dominiert, so sagen wir, R hat die Eigenschaft der polynomiellen Dominanz.*

Aus dieser Definition ergibt sich das folgende Lemma:

Lemma 3.10 *Ist $R = (H, V)$ ein Vergleichsmodell mit $\mathcal{LW} \subseteq H$, das die Eigenschaft der polynomiellen Dominanz hat, sind $\gamma, \tau \in \mathcal{D}$ und begrenzt γ die Dichte τ polynomiell, so gibt es für alle $f \in \mathcal{F}$, $g \in H$ mit $f \leq_{\gamma}^{R} g$ ein $\tilde{g} \in P(\{g\}) \cap H$ mit:*

$$f \leq_{\tau}^{R} \tilde{g}.$$

Dabei gilt insbesondere, daß es ein $t \in I\!N$ gibt mit

$$\tilde{g}(x) \leq \left(t \cdot \max_{|y| \leq |x|^{t}} g(y) \right)^{t}$$

für alle $x \in \Sigma^{*}$.

Nach den obigen Überlegungen gilt der folgende Satz:

Satz 3.11 *Das Modell $\mathcal{FU}$ (Seite 28), das PolySum2-Modell S (Seite 50) und das erweiterte Levinsche Modell $\mathcal{L}$ (Seite 43) haben die Eigenschaft der polynomiellen Dominanz.*

Es gibt dagegen auch Beispiele für schwache average-case Modelle, die die Eigenschaft der polynomiellen Dominanz nicht haben, wie folgendes Lemma zeigt:

Lemma 3.12 *Das PolySum1-Modell $\mathcal{MS}$ (Seite 32) hat die Eigenschaft der polynomiellen Dominanz nicht.*

Beweis: Sei $C = \{f \in \mathcal{F} :$ es gibt ein $t \in I\!N$ mit $f \leq |\cdot|^{t}\}$. Ist

$$\tau(x) = \begin{cases} \frac{c_1}{2^{|x| \cdot |x|^2}} & \text{falls } x \in \{1\}^{*}, \\ 0 & \text{sonst,} \end{cases}$$

und

$$\gamma(x) = \frac{c_2}{2^{|x| \cdot |x|^2}},$$

wobei c_1, c_2 die Normierungskonstanten sind, so ist

$$\tau(x) \le \frac{c_1}{c_2} \cdot \gamma(x).$$

Sei weiter

$$f(x) = \begin{cases} 2^{|x|} & \text{falls } x \in \{1\}^*, \\ 1 & \text{sonst.} \end{cases}$$

Dann gilt für alle $n \in I\!N$ und alle $t \in I\!N$

$$s_\gamma(n) \cdot \sum_{\substack{x \in \Sigma^n \\ f(x) > |x|}} n^t \cdot \gamma_n(x) = n^t \cdot \frac{1}{2^n}.$$

Somit ist $f \in C_\gamma^{\mathcal{MS}}$. Aber für alle $n, s \in I\!N$ ist

$$s_\tau(n) \cdot \sum_{\substack{x \in \Sigma^n \\ f(x) > |x|^s}} n^2 \cdot \tau_n(x) = n^2 \cdot 1.$$

Damit ist $f \notin C_\tau^{\mathcal{MS}}$, obwohl γ die Dichte τ polynomiell begrenzt. ∎

3.2 Universelle Dichten

Gegeben ein Vergleichsmodell $R = (H, V)$, eine Funktionenmenge $C \subseteq \mathcal{F}$, eine Teilmenge $D \subseteq \mathcal{D}$ und eine Dichte $\gamma \in D$, die alle $\tau \in D$ bezüglich C und R dominiert. Dann folgt für alle $f \in C_\gamma^R$ und $\tau \in D$, daß $f \in C_\tau^R$ gilt. Daher ist γ gewissermaßen eine "schwierigste" Dichte unter allen Dichten τ. In der folgenden Definition führen wir einen Namen für solche Dichten ein:

Definition 3.13 *Sei $R = (H, V)$ ein Vergleichsmodell, $C \subseteq \mathcal{F}$ und $D \subseteq \mathcal{D}$. Eine Dichte $\gamma \in \mathcal{D}$ heißt D-universell bezüglich C und R, falls für alle $\tau \in D$ gilt: γ dominiert τ bezüglich R und C.*

3.3 P-abgeschlossene Funktionenmengen

Wir benutzen folgende Bezeichnungen:

$$\begin{aligned}
Log &= \{ f \in \mathcal{F} : \exists t \in I\!N \ \ f \le (\log_2(|\cdot| + 1))^t \}, \\
Pol &= \{ f \in \mathcal{F} : \exists t \in I\!N \ \ f \le |\cdot|^t \}, \\
Exp &= \{ f \in \mathcal{F} : \exists t \in I\!N \ \ f \le 2^{|\cdot|^t} \}.
\end{aligned} \tag{3.1}$$

Wie man leicht sieht, gilt das folgende Lemma:

Lemma 3.14 *Die Mengen Log, Pol, Exp sind P-abgeschlossen.*

Dagegen ist zum Beispiel die Menge der linearen Funktionen

$$Lin = \{f \in \mathcal{F} : \exists t \in I\!N \ \ f \leq t \cdot | \cdot |\}$$

nicht P-abgeschlossen.

Eine weitere Eigenschaft der Mengen *Log*, *Pol* und *Exp* wird im folgenden Lemma geschrieben.

Lemma 3.15 *Ist $C \in \{Lin, Log, Pol, Exp\}$, so gibt es für alle $f \in C$ ein $f' \in C$ mit $f \leq f'$, das längenwachsend ist.*

3.4 Stabile Funktionenmengen

Infolge der Verträglichkeitseigenschaft gilt der folgende Satz:

Satz 3.16 *Für alle schwachen average-case Modelle $R = (H, V)$, alle $C \subseteq H$ und alle $\gamma \in \mathcal{D}$ gilt*

$$C \subseteq C_\gamma^R.$$

Somit gilt insbesondere

$$C \subseteq \bigcap_{\gamma \in \mathcal{D}} C_\gamma^R.$$

Die Mengen $C \subseteq \mathcal{F}$, für die sogar

$$C = \bigcap_{\gamma \in \mathcal{D}} C_\gamma^R$$

gilt, nennen wir *stabil* bezüglich R.

Wir geben eine hinreichende Bedingung dafür an, daß eine Menge C bezüglich eines Vergleichsmodells R stabil ist. Dazu benötigen wir noch einige Begriffe:

Wir nennen eine Menge $C \subseteq \mathcal{F}$ bezüglich $\leq$ *abgeschlossen*, wenn für alle $f \in C$ und $g \in \mathcal{F}$ mit $g \leq f$ gilt: $g \in C$.

Eine Menge $C \subseteq \mathcal{F}$ wird von einer Folge $\{h_i\}_{i \in I\!N}$ von Funktionen in C *überdeckt*, wenn für alle $i \in I\!N$ gilt $h_i \leq h_{i+1}$ und wenn es zu jedem $g \in C$ ein $i \in I\!N$ gibt mit $g \leq h_i$. Wir sagen: C hat eine *abzählbare Überdeckung*.

Es gilt folgender Satz :

Satz 3.17 *Sei $R = (H, V)$ ein schwaches average-case Modell, sei $C \subseteq \mathcal{F}$ bezüglich $\leq$ abgeschlossen und besitze C eine abzählbare Überdeckung. Wenn es ein $\omega \in \Omega_R$ gibt, so daß für alle $g \in C \cap H$ ein $g' \in C$ existiert, das g bezüglich R und ω dominiert, so ist C stabil bezüglich R.*

Wir beweisen zunächst folgendes Lemma:

Lemma 3.18 *Mit den Voraussetzungen des obigen Satzes gilt: Sei $f \in \mathcal{F} \setminus C$. Gegeben eine unendliche Menge $S \subseteq \Sigma^*$ derart, daß für kein $g \in C$ gilt: $f \leq_S g$. Dann gibt es eine unendliche Dichte $\mu \in \mathcal{D}_\omega$ mit $SUP(\mu) \subseteq S$ und $f \notin C_\mu^R$.*

Beweis: Sei $\{h_i\}_{i \in N}$ eine Überdeckung von C.

Gibt es also kein $g \in C$ mit $f \leq_S g$, so gibt es insbesondere zu allen h_i eine unendliche Menge $X_i \subseteq S$, so daß für alle $x \in X_i$ gilt $f(x) > h_i(x)$.

Da für alle $i \in N$ gilt $h_i < h_{i+1}$, gibt es eine Folge $\{n_i\}_{i \in N}$, so daß für alle $x \in \Sigma^*$ mit $|x| > n_i$ gilt $h_{i+1}(x) > h_i(x)$.

Wählt man nun für alle $i \in N$ nacheinander aus X_i ein Element x_i aus, das zuvor noch nicht ausgewählt wurde und $|x_i| > n_i$ erfüllt, so erhält man eine unendliche Menge $X \subseteq S$, so daß für alle $i \in N$ und fast alle $x \in X$ gilt $h_i(x) < f(x)$.

Setzt man

$$\mu(x) = \begin{cases} \frac{c \cdot \omega(|x|)}{|X \cap \Sigma^{|x|}|} & \text{für } x \in X, \\ 0 & \text{sonst}, \end{cases}$$

wobei c die Normierungskonstante ist, so ist $\mu \in \mathcal{D}_\omega$ und es gilt $SUP(\mu) \subseteq S$.

Für alle $g \in C \cap H$ gibt es nach Voraussetzung ein $g' \in C$, das g bezüglich R und ω dominiert. Daher gibt es ein $j \in N$, so daß

$$g \leq_X g' \leq_X h_j \leq_X f$$

und

$$g' \nleq_\mu^R g$$

gilt. Folglich gilt

$$g' \leq_{SUP(\mu)} f.$$

Nach Lemma 2.24 folgt daraus

$$f \nleq_\mu^R g.$$

Da dies, wie oben gesagt, für alle $g \in C \cap H$ gilt, folgt

$$f \notin C_\mu^R.$$

Daraus folgt die Behauptung. ∎

Wir kommen zum Beweis des Satzes 3.17:

Beweis von Satz 3.17: Ist $f \notin C$, so gibt es kein $g \in C$ mit $f \leq g$, da C bezüglich $\leq$ abgeschlossen ist. Wählt man daher $S = \Sigma^*$ in Lemma 3.18, so folgt die Behauptung des Satzes. ∎

Wir geben nun Beispiele für schwache average-case Modelle und Mengen $C \subseteq \mathcal{F}$ an, die die Voraussetzungen des Satzes 3.17 erfüllen.

In der klassischen Komplexitätstheorie spielen insbesondere die Mengen *Log*, *Pol* und *Exp*, die wir im Abschnitt 3.3 definiert haben, eine besondere Rolle. Diese sind offenbar bezüglich $\leq$ abgeschlossen und besitzen eine abzählbare Überdeckung. Darüber hinaus sind diese Mengen nach Lemma 3.14 P-abgeschlossen.

Sei $C \subseteq \mathcal{F}$ eine P-abgeschlossene Menge, und sei das erweiterte Levinsche Modell $\mathcal{L} = (H, V)$ (Seite 43) gegeben. Gemäß Lemma 2.34 gilt für alle $g \in H$ und alle $\omega \in \Omega_{\mathcal{L}}$, daß

$$\tilde{g}(x) = \hat{g}\Big(\big\lceil |x| \cdot \max_{m \leq |x|}\{1, \omega(m)\}^{-1}\big\rceil\Big)$$

die Funktion g bezüglich R und ω dominiert. Da zum Beispiel $\omega(n) = \frac{6}{\pi^2} \cdot \frac{1}{n^2} \in \Omega_{\mathcal{L}}$ gilt, gilt für alle $g \in H \cap C$ somit $\tilde{g} \in H \cap C$. Daher sind alle Voraussetzungen des obigen Satzes und Lemmas für $R = \mathcal{L}$ und $C \in \{Log, Pol, Exp\}$ erfüllt.

Analog zeigt man für $C \in \{Log, Pol, Exp\}$ und die schwachen average-case Modelle $\mathcal{S}, \mathcal{MS}, \mathcal{FU}, \mathbb{Z}$, daß die Voraussetzungen des obigen Satzes erfüllt sind. Es ergibt sich der folgende Satz:

Satz 3.19 *Ist* $R \in \{\mathcal{L}, \mathcal{S}, \mathcal{MS}, \mathcal{FU}, \mathbb{Z}\}$ *und* $C \in \{Log, Pol, Exp\}$, *so ist* C *stabil bezüglich* R.

3.5 Das verwendete Turingmaschinen-Modell

In diesem Abschnitt erläutern wir das Turingmaschinen-Modell, das wir unseren Ergebnissen zugrunde legen. Dabei stützen wir uns auf das Buch von John E. Hopcroft und Jeffrey D. Ullman [19].

Wir gehen im folgenden von deterministischen bzw. nichtdeterministischen Turingmaschinen mit einem read-only Eingabeband und beliebig vielen Berechnungsbändern aus. Alle Bänder sind einseitig unendlich. Der Bandkopf auf dem Eingabeband wird nur auf den mit der Eingabe beschriebenen Bandfeldern und den ersten daran anschließenden Feldern bewegt. (Dieses Modell wird auch *off-line* Modell genannt.) Eine *Berechnung* einer deterministischen bzw. nichtdeterministischen Turingmaschine bei Eingabe x ist eine endliche Folge von Konfigurationen der Maschine, wobei die erste Konfiguration die Startkonfiguration der Maschine bei Eingabe x und die letzte Konfiguration eine Haltekonfiguration ist. In einem Übergang darf auf allen Bändern der Maschine parallel eine Schreibe- oder Bewegungsaktion stattfinden.

Seien $s : \Sigma^* \to I\!N_0$, $t : \Sigma^* \to I\!N_0$ Funktionen und $S, T \subseteq \{f : \Sigma^* \to I\!N_0\}$ Mengen von Funktionen.

Eine deterministische Turingmaschine M mit einem read-only Eingabeband und beliebig vielen Arbeitsbändern hat *Platzkomplexität s* und heißt *s-platzbeschränkt*, wenn M für fast alle Eingaben $x \in \Sigma^*$ höchstens $s(x)$ Felder auf jedem ihrer Arbeitsbänder benutzt.

Macht M bei fast allen Eingaben $x \in \Sigma^*$ höchstens $t(x)$ Übergänge, bis sie den Haltezustand erreicht, so hat M *Zeitkomplexität t*. Wir sagen auch, daß M eine *t-zeitbeschränkte* Turingmaschine ist.

Wie es in der Literatur üblich ist, gehen wir davon aus, daß für Platzkomplexitätsmaße s immer $s(x) \geq 1$ und für Zeitkomplexitätsmaße t immer $t(x) \geq |x| + 1$ für alle $x \in \Sigma^*$ gilt.

Eine nichtdeterministische Turingmaschine ist von der *Zeitkomplexität t*, wenn für fast alle $x \in \Sigma^*$ die Länge jeder möglichen Berechnung der Maschine bei Eingabe x durch $t(x)$ beschränkt ist. Sie hat *Platzkomplexität s*, wenn für fast alle $x \in \Sigma^*$ in jeder der möglichen Berechnungen bei Eingabe x die Zahl der benutzten Bandfelder auf jedem Arbeitsband durch $s(x)$ beschränkt ist. Eine deterministische (bzw. nichtdeterministische) Turingmaschine M ist von *Zeitkomplexität T* (bzw. *Platzkomplexität S*), wenn es ein $t \in T$ (bzw. ein $s \in S$) gibt, so daß M Zeitkomplexität t (bzw. Platzkomplexität s) hat. Wir sagen auch, daß M eine *T-Zeit* (bzw. *S-Platz*) Turingmaschine ist.

Ausgabe einer deterministischen Turingmaschine M bei Eingabe x ist der Inhalt ihres ersten Arbeitsbandes, nachdem die Turingmaschine den Haltezustand erreicht hat. Wir bezeichnen mit $M(x)$ die Ausgabe von M bei Eingabe x.

Eine deterministische Turingmaschine M *akzeptiert* eine Eingabe x genau dann, wenn $M(x) = 1$ gilt.

Eine nichtdeterministische Turingmaschine M *akzeptiert* eine Eingabe x, wenn es bei Eingabe von x wenigstens eine Berechnung gibt, so daß im Haltezustand der Wert 1 auf dem ersten Arbeitsband und dahinter der Bandkopf steht.

Ist M eine deterministische oder nichtdeterministische Turingmaschine, so ist $L(M)$ die Menge aller akzeptierten Eingaben $x \in \Sigma^*$.

Eine Sprache L wird von einer deterministischen bzw. einer nichtdeterministischen Turingmaschine M *akzeptiert*, wenn $L = L(M)$ gilt. Hat M Zeitkomplexität T bzw. Platzkomplexität S hat, so wird *L in Zeit T* bzw. *in Platz S akzeptiert*.

Sei $y = a_0 a_1 \ldots a_k \in \{0,1\}^*$, so setzen wir

$$bin(y) = \sum_{i=0}^{k} 2^{-i} \cdot a_i.$$

Eine Funktion $f : \Sigma^* \to [0,1]$ wird von einer deterministischen Turingmaschine *berechnet*, wenn die Maschine bei Eingabe x einen endlichen Bitstring $a_0 a_1 \ldots a_k$, $k \in I\!N_0$, ausgibt mit

$$f(x) = \sum_{i=0}^{k} 2^{-i} \cdot a_i.$$

Eine Funktion $f : \Sigma^* \to I\!N$ heißt *unär berechenbar*, wenn es eine deterministische Turingmaschine M gibt, die für alle Eingaben $x \in \Sigma^*$ die Ausgabe $1^{f(x)}$ berechnet.

Die Funktion f wird *in Zeit t* und *in Platz s berechnet*, wenn es eine t-zeitbeschränkte und s-platzbeschränkte deterministische Turingmaschine M gibt, die f berechnet.

Ist $t \in T$, so sagen wir, f *wird in T-Zeit berechnet* oder f *wird in Zeit T berechnet*. Entsprechend heißt f *in S-Platz berechenbar* bzw. *in Platz S berechenbar*, falls $s \in S$.

Ist $L \subseteq \Sigma^*$ und berechnet eine deterministische Turingmaschine M die sogenannte *charakteristische Funktion χ_L von L*,

$$\chi_L(x) = \begin{cases} 1 & \text{falls } x \in L, \\ 0 & \text{falls } x \notin L, \end{cases}$$

so sagen wir, M *erkennt L*. Eine Sprache L heißt *rekursiv*, wenn es eine deterministische Turingmaschine gibt, die L erkennt.

3.6 Klassen von Dichten und Verteilungen

3.6.1 Berechenbare Dichten und Verteilungen

Definition 3.20 *Seien $C_1, C_2 \subseteq \mathcal{F}$. Die Klasse der in C_1-Zeit und C_2-Platz berechenbaren Dichten aus $\mathcal{D}$ wird mit $Dcomp(C_1, C_2)$ bezeichnet.*

Ist $C_1 = C_2 = \mathcal{F}$ so schreiben wir kurz $Dcomp$ für die Klasse der (überhaupt) berechenbaren Dichten.

Für die Menge von Dichten, deren zugehörige Verteilung in C_1-Zeit und C_2-Platz berechenbar ist, führen wir die Menge $Vcomp(C_1, C_2)$ ein.

Entsprechend ist $Vcomp = Vcomp(\mathcal{F}, \mathcal{F})$.

Es gilt das folgende Lemma:

Lemma 3.21 *Sei ϕ eine lexikographische Aufzählung von Σ^*, so daß ϕ in Zeit $|x|^c$ mit $c \geq 1$ bei Eingabe $x \in \Sigma^*$ und ϕ^{-1} in Zeit $(\log_2(n+1))^c$ bei Eingabe $n \in I\!N_0$ berechnet werden kann. Seien t und s längenwachsend, und sei Δ eine Verteilung auf Σ^* bezüglich ϕ. Gibt es eine deterministische Turingmaschine, die Δ in Zeit t und in Platz s berechnet, so kann die zugehörige Dichte Δ' in Zeit $O(|\cdot|^c + t(\cdot))$ und in Platz $O(|\cdot|^c + s(\cdot))$ berechnet werden.*

Beweis: Berechne die deterministische Turingmaschine A die Verteilung Δ in Zeit t und Platz s. Man verwendet die folgende Turingmaschine: Soll $\Delta'(x)$ berechnet werden, so wird die Maschine A an Eingabe x und an Eingabe $x \div (-1)$ gestartet. Dazu muß man zu x den Wert $x \div (-1)$ berechnen. Dies geschieht mit Hilfe der deterministischen Turingmaschinen zum Berechnen von ϕ und ϕ^{-1}. Als Ergebnisse liefert A dann $\Delta(x)$ und $\Delta(x \div (-1))$. Es ist aber $\Delta'(x) = \Delta(x) - \Delta(x \div (-1))$. Somit genügt es, die erhaltenen Ergebnisse zu subtrahieren. Daraus folgt die Behauptung. ∎

Da im folgenden die in *Pol*-Zeit berechenbaren Verteilungen und Dichten eine große Rolle spielen werden, wobei *Pol* die in Gleichung (3.1) definierte Klasse der polynomiell beschränkten Funktionen ist, sagen wir auch kurz, daß die entsprechende Funktion *in polynomieller Zeit* (bzw. *in P-Zeit*) berechenbar ist, und formulieren folgendes Korollar:

Korollar 3.22 *Ist eine Verteilung in polynomieller Zeit berechenbar, so ist auch die zugehörige Dichte in polynomieller Zeit berechenbar.*

Falls $NP \neq P$ gilt, gilt die Umkehrung nicht, wie Y. Gurevich in [17] zeigt. Wir zitieren diesen Satz:

Satz 3.23 *Falls $NP \neq P$ gilt, gibt es eine in polynomieller Zeit berechenbare Dichte γ, so daß die zugehörige Verteilung γ^* nicht in polynomieller Zeit berechnet werden kann.*

3.6.2 Approximierbare Dichten und Verteilungen

Häufig genügt es, daß eine Dichte oder eine Verteilung bis auf eine vorgegebene Präzision in "vernünftiger" Zeit berechnet werden kann. Wir verwenden für eine solche Situation den Begriff der *Approximierbarkeit*. Es gibt Funktionen, die nicht berechnet aber approximiert werden können. Zum Beispiel gibt es keine deterministischen Turingmaschinen, die die Binärdarstellung der Werte von Funktionen $f : \Sigma^* \to [0,1]$

berechnen können, die nicht-rationale Funktionsergebnisse haben. Diese Funktionen können höchstens approximiert werden.

Eine Funktion $f : \Sigma^* \to [0,1]$ wird von einer deterministischen Turingmaschine A in Zeit $t : \Sigma^* \to I\!N$ und in Platz $s : \Sigma^* \to I\!N$ *approximiert*, wenn die Maschine bei Eingabe von $x01^k \in \Sigma^*$ nach höchstens $t(x01^k)$ Schritten und mit einem Platzbedarf von höchstens $s(x01^k)$ Bandeinheiten einen endlichen Bitstring $a_0 a_1 \ldots a_k$ $(k \in I\!N_0)$ ausgibt mit

$$\left| f(x) - bin(a_0 a_1 \ldots a_k) \right| < 2^{-k}.$$

Ist $C \subseteq \mathcal{F}$ und $t \in C$, so sagen wir, f ist in C-*Zeit approximierbar*. Entsprechend heißt f in C-*Platz approximierbar*, falls $s \in C$.

Definition 3.24 *Seien $C_1, C_2 \subseteq \mathcal{F}$. Die Klasse der in C_1-Zeit und C_2-Platz approximierbaren Dichten aus $\mathcal{D}$ wird mit $Dapprox(C_1, C_2)$ bezeichnet.*

Ist $C_1 = C_2 = \mathcal{F}$ so schreiben wir kurz $Dapprox$ für die Klasse der (überhaupt) approximierbaren Dichten.

Für die Menge von Dichten, deren zugehörige Verteilung in C_1-Zeit und C_2-Platz approximierbar ist, führen wir die Bezeichnung $Vapprox(C_1, C_2)$ ein.

Entsprechend ist $Vapprox = Vapprox(\mathcal{F}, \mathcal{F})$.

Lemma 3.25 *Sei ϕ eine lexikographische Aufzählung von Σ^*, so daß ϕ in Zeit $|x|^c$ für ein $c \geq 1$ bei Eingabe $x \in \Sigma^*$ und ϕ^{-1} in Zeit $(\log_2(n+1))^c$ bei Eingabe $n \in I\!N_0$ berechnet werden kann. Gelte für $t, s : \Sigma^* \times \{0\} \times \{1\}^* \to I\!N$, daß für alle $k \geq 0$ die Funktionen $\tilde{t}(x) = t(x01^k)$ und $\tilde{s}(x) = s(x01^k)$, $x \in \Sigma^*$, längenwachsend sind. Sei Δ eine in t-Zeit und s-Platz approximierbare Verteilung. Dann kann die zugehörige Dichte in Zeit*

$$t_1(x01^k) = O(|x|^c + t(x01^{k+1}))$$

bzw. in Platz

$$s_1(x01^k) = O(|x|^c + s(x01^{k+1}))$$

approximiert werden.

Beweis: Man beweist dieses Lemma ähnlich wie Lemma 3.21. Man approximiert mittels der Approximationsmaschine A für Δ die Werte $\Delta(x)$ und $\Delta(x \dotdiv (-1))$ auf $k+1$ Stellen genau. Dazu ist Zeit $O(t(x01^{k+1}))$ und Platz $O(s(x01^{k+1}))$ nötig. Die beiden Werte, die dabei von A berechnet werden, seien mit $A(x, 1^{k+1})$ und $A(x \dotdiv (-1), 1^{k+1})$ bezeichnet. Dann gilt

$$\begin{aligned}
|\Delta(x) - A(x, 1^{k+1})| &< 2^{-(k+1)}, \\
|\Delta(x \dotdiv (-1)) - A(x \dotdiv (-1), 1^{k+1})| &< 2^{-(k+1)}.
\end{aligned}$$

Daraus folgt

$$
\begin{aligned}
& |\Delta'(x) - (A(x, 1^{k+1}) - A(x \mathbin{\dot{-}} (-1), 1^{k+1}))| \\
=\ & |(\Delta(x) - \Delta(x \mathbin{\dot{-}} (-1))) - (A(x, 1^{k+1}) - A(x \mathbin{\dot{-}} (-1), 1^{k+1}))| \\
<\ & 2 \cdot 2^{-(k+1)} \\
=\ & 2^{-k}.
\end{aligned}
$$

Falls

$$
A(x, 1^{k+1}) - A(x \mathbin{\dot{-}} (-1), 1^{k+1}) \geq 0
$$

gilt, so wird dieser Wert als Approximationswert für $\Delta'(x)$ ausgegeben, andernfalls wird 0 ausgegeben. Gilt

$$
A(x, 1^{k+1}) - A(x \mathbin{\dot{-}} (-1), 1^{k+1}) < 0,
$$

so ist

$$
\begin{aligned}
\Delta'(x) \ \leq\ & \Delta'(x) - (A(x, 1^{k+1}) - A(x \mathbin{\dot{-}} (-1), 1^{k+1})) \\
=\ & |\Delta'(x) - (A(x, 1^{k+1}) - A(x \mathbin{\dot{-}} (-1), 1^{k+1}))| \\
<\ & 2^{-k}
\end{aligned}
$$

und daher ist

$$
|\Delta'(x) - 0| = \Delta'(x) < 2^{-k}.
$$

Somit approximiert das angegebene Verfahren tatsächlich Δ'. Die Laufzeit- und Platzkosten ergeben sich aus den Kosten zum Berechnen von $x \mathbin{\dot{-}} (-1)$ und den Kosten zum Berechnen der Werte $A(x, 1^{k+1})$ und $A(x \mathbin{\dot{-}} (-1), 1^{k+1})$. ∎

Zwischen den in polynomieller Zeit approximierbaren Verteilungen und den in polynomieller Zeit berechenbaren Verteilungen besteht ein Zusammenhang, der in Lemma 3.26 formuliert wird. Ein ähnliches Resultat findet sich in [17]. Selbstverständlich läßt sich das folgende Lemma auch auf andere Zeit- und Platzklassen verallgemeinern.

Lemma 3.26 *Sei Ψ eine in polynomieller Zeit approximierbare Verteilung auf Σ^* und sei $t \in I\!\!N$. Dann gibt es eine in polynomieller Zeit berechenbare Verteilung Δ mit*

$$
10 \cdot \Delta'(x) \geq \Psi'(x)
$$

und

$$
|5 \cdot \Delta'(x) - \Psi'(x)| \leq 3 \cdot 2^{-2 \cdot |x|^t}
$$

für alle $x \in \Sigma^*$.

Beweis: Die Beweisidee besteht darin, daß man Δ aus Ψ konstruiert, indem man die Approximationsmaschine die Funktion Ψ auf hinreichend viele Stellen genau approximieren läßt.

Wir beweisen obigen Satz der Einfachheit halber nur für $t = 1$. Der allgemeine Beweis verläuft analog.

Die erste Idee, aus einer approximierbaren Verteilung eine berechenbare zu konstruieren, besteht darin, eine Genauigkeitsschranke k vorzugeben und die durch die Approximation auf k Stellen erhaltenen Werte als Werte einer P-Zeit berechenbaren Verteilung anzusehen. Leider sind diese Werte mit wachsendem x nicht notwendigerweise monoton wachsend und stellen daher in der Regel keine Verteilung dar. Wir müssen deshalb bei der Konstruktion von Δ eine kompliziertere Strategie verfolgen.

Wir betrachten die folgende Funktion $\mu : \Sigma^* \to [0, 1]$,

$$\mu(x) = (\Psi'(x) + 2^{-2 \cdot |x| + 1}) \cdot \frac{1}{5}.$$

Dann gilt

$$0 < 5 \cdot \mu(x) - \Psi'(x) \leq 2^{-2 \cdot |x| + 1}. \tag{3.2}$$

Man sieht leicht, daß

$$\sum_{x \in \Sigma^*} \mu(x) = \frac{1}{5} \cdot \Big(\sum_{x \in \Sigma^*} \Psi'(x) + 2 \cdot \sum_{x \in \Sigma^*} 2^{-2 \cdot |x|} \Big) = 1$$

gilt, daß also μ eine Dichte ist. Weiter ist

$$\mu^*(x) = \frac{\Psi(x)}{5} + \frac{2}{5} \cdot \Big(\Big(\sum_{0 \leq n < |x|} \frac{1}{2^n} \Big) + \frac{|\{y \leq x : |y| = |x|\}|}{2^{2 \cdot |x|}} \Big),$$

dabei bedeutet $y \leq x$, wie bereits in Abschnitt 2.1 erwähnt, daß y in der gegebenen lexikographischen Aufzählung von Σ^* vor x steht oder x ist. Somit handelt es sich bei der Menge $\{y \leq x : |y| = |x|\}$ um die Menge aller Strings mit $|y| = |x|$, die in der gegebenen lexikographischen Aufzählung von Σ^* vor x auftreten sowie x selbst. Man sieht leicht, daß sich somit μ^* in polynomieller Zeit approximieren läßt.

Man beachte, daß

$$\mu(x) \geq \frac{2}{5} \cdot 2^{-2 \cdot |x|}$$

für alle $x \in \Sigma^*$ gilt.

Approximiere die deterministische Turingmaschine A die Verteilung μ^* in polynomieller Zeit. Sei $A(x, k)$ die Ausgabe der Maschine bei Eingabe $x01^k$ (als binärer Bruch interpretiert).

Wir setzen

$$\gamma(x) = A(x, 2 \cdot |x| + 5) - A(x \mathbin{\dot{-}} (-1), 2 \cdot |x \mathbin{\dot{-}} (-1)| + 5)$$

für $x \neq \varepsilon$ und

$$\gamma(\varepsilon) = A(\varepsilon, 5).$$

Nach Definition der Approximation gilt

$$|A(x, 2 \cdot |x| + 5) - \mu^*(x)| \; < \; 2^{-(2|x|+5)}. \tag{3.3}$$

Daher folgt mit der Dreiecksungleichung für alle $x \neq \varepsilon$

$$\begin{aligned}
&|(A(x, 2 \cdot |x| + 5) - A(x \mathbin{\dot{-}} (-1), 2 \cdot |x \mathbin{\dot{-}} (-1)| + 5)) - (\mu^*(x) - \mu^*(x \mathbin{\dot{-}} (-1)))| \\
\leq \;\; &|(A(x, 2 \cdot |x| + 5) - \mu^*(x)| + |A(x \mathbin{\dot{-}} (-1), 2 \cdot |x \mathbin{\dot{-}} (-1)| + 5)) - \mu^*(x \mathbin{\dot{-}} (-1)))| \\
< \;\; &2^{-(2 \cdot |x|+5)} + 2^{-(2 \cdot |x \mathbin{\dot{-}} (-1)|+5)} \\
\leq \;\; &5 \cdot 2^{-(2 \cdot |x|+5)}.
\end{aligned}$$

Also gilt für alle $x \neq \varepsilon$

$$\begin{aligned}
&|\gamma(x) - \mu(x)| \\
= \;\; &|(A(x, 2 \cdot |x| + 5) - A(x \mathbin{\dot{-}} (-1), 2 \cdot |x \mathbin{\dot{-}} (-1)| + 5)) - \mu(x)| \\
\leq \;\; &5 \cdot 2^{-(2 \cdot |x|+5)}.
\end{aligned} \tag{3.4}$$

Für $x = \varepsilon$ gilt diese Ungleichung ebenfalls, da $\mu^*(\varepsilon) = \mu(\varepsilon)$ und $\gamma(\varepsilon) = A(\varepsilon, 5)$ gilt. Da $\mu(x) \geq \frac{2}{5} \cdot 2^{-2 \cdot |x|}$ gilt, folgt

$$\begin{aligned}
\gamma(x) \;\; &\geq \;\; \mu(x) - 5 \cdot 2^{-(2 \cdot |x|+5)} \\
&> \;\; \mu(x) - \frac{25}{64} \cdot \mu(x) \\
&> \;\; \frac{1}{2} \cdot \mu(x) \\
&> \;\; 0.
\end{aligned}$$

Damit ist

$$\gamma(x) > \frac{1}{2} \cdot \mu(x) > \frac{1}{2} \cdot \frac{1}{5} \cdot \Psi'(x) = \frac{1}{10} \Psi'(x).$$

Weiter ist nach Ungleichung (3.3)

$$\begin{aligned}
&\mu^*(y) - 2^{-(2 \cdot |y|+5)} \\
< \;\; &A(y, 2 \cdot |y| + 5) = \sum_{x \leq y} \gamma(x) \\
< \;\; &\mu^*(y) + 2^{-(2 \cdot |y|+5)}.
\end{aligned}$$

Daher folgt mittels des Summen- und des Einschnürungssatzes der Analysis bei Folgen:

$$\begin{aligned}
&\quad\ 1\\
&= \lim_{y \to \infty} \left(\mu^*(y) - 2^{-(2 \cdot |y|+5)} \right)\\
&\leq \lim_{y \to \infty} \sum_{x \leq y} \gamma(x)\\
&\leq \lim_{y \to \infty} \left(\mu^*(y) + 2^{-(2 \cdot |y|+5)} \right)\\
&= 1.
\end{aligned}$$

Somit ist γ eine Dichte auf Σ^*, und weiter ist

$$\gamma^*(y) = A(y, 2 \cdot |y| + 5)$$

polynomiell berechenbar, und es gilt infolge der Ungleichungen (3.2) und (3.4)

$$|5 \cdot \gamma(x) - \Psi'(x)| \leq 2 \cdot 2^{-2 \cdot |x|} + 25 \cdot 2^{-(2 \cdot |x|+5)} \leq 3 \cdot 2^{-2 \cdot |x|}.$$

Setzen wir $\Delta = \gamma^*$, so folgt die Behauptung des Satzes. ∎

Der vorangegangene Satz findet Anwendung im Beweis des folgenden Satzes: Sei das betrachtete average-case Modell das erweiterte Levinsche Modell (Seite 43) und $f \in \mathcal{F}$ exponentiell beschränkt. Dann genügt es P-Zeit berechenbare Verteilungen zu untersuchen, wenn man den Untersuchungen ausschließlich P-Zeit approximierbare Verteilungen zugrunde legt. Ziel einer solchen Untersuchung könnte zum Beispiel die Frage sein, bezüglich welcher Dichten f im Mittel polynomiell ist.

Satz 3.27 *Sei $C \subseteq \mathcal{F}$ und gelte $\max\{g, |\cdot|)\} \in C$ für alle $g \in C$. Sei $t \in I\!N$, $E_t = \left\{ f \in \mathcal{F} : f \leq 2^{|\cdot|^t} \right\}$, und sei Ψ eine in P-Zeit approximierbare Verteilung auf Σ^*. Dann gibt es eine in P-Zeit berechenbare Verteilung Δ, so daß*

$$C^{\mathcal{L}}_{\Psi'} \cap E_t = C^{\mathcal{L}}_{\Delta'} \cap E_t$$

gilt.

Beweis: Nach Lemma 3.26 gibt es zu Ψ eine P-Zeit berechenbare Verteilung Δ mit

$$|5 \cdot \Delta'(x) - \Psi'(x)| \leq 3 \cdot 2^{-2 \cdot |x|^t - |x|}. \tag{3.5}$$

Sei $f \in C^{\mathcal{L}}_{\Psi'} \cap E_t$, d.h. es gibt ein längenwachsendes $g \in C$, so daß

$$f \leq^{\mathcal{L}}_{\Psi'} g$$

und für fast alle $x \in \Sigma^*$ gilt

$$f(x) \leq 2^{|x|^t}.$$

Dann ist

$$\sum_{x \in \Sigma^+} \Psi'(x) \cdot \frac{\widehat{g}^{-1}(f(x))}{|x|} < \infty.$$

Setze $h = \max\{g, |\cdot|\}$. Dann ist h längenwachsend und nach Voraussetzung gilt $h \in C$. Da $\mathcal{L}$ schwach transitiv ist, gilt

$$\sum_{x \in \Sigma^+} \Psi'(x) \cdot \frac{\widehat{h}^{-1}(f(x))}{|x|} < \infty.$$

Mittels Ungleichung (3.5) ergibt sich

$$\begin{aligned}
&\sum_{x \in \Sigma^+} \Delta'(x) \cdot \frac{\widehat{h}^{-1}(f(x))}{|x|} \\
\leq\; &\sum_{x \in \Sigma^+} \frac{\Psi'(x) + 3 \cdot 2^{-2 \cdot |x|^t - |x|}}{5} \cdot \frac{\widehat{h}^{-1}(f(x))}{|x|} \\
=\; &\frac{1}{5} \cdot \sum_{x \in \Sigma^+} \Psi'(x) \cdot \frac{\widehat{h}^{-1}(f(x))}{|x|} + \frac{3}{5} \cdot \sum_{x \in \Sigma^+} 2^{-2 \cdot |x|^t - |x|} \cdot \frac{\widehat{h}^{-1}(f(x))}{|x|} \\
\leq\; &\frac{1}{5} \cdot \sum_{x \in \Sigma^+} \Psi'(x) \cdot \frac{\widehat{h}^{-1}(f(x))}{|x|} + \frac{3}{5} \cdot \sum_{x \in \Sigma^+} 2^{-2 \cdot |x|^t - |x|} \cdot \frac{2^{|x|^t}}{|x|} \\
\leq\; &\frac{1}{5} \cdot \sum_{x \in \Sigma^+} \Psi'(x) \cdot \frac{\widehat{h}^{-1}(f(x))}{|x|} + \frac{3}{5} \cdot \sum_{n \in \mathbb{N}} 2^{-n^t} \cdot \frac{1}{n} \\
<\; &\infty.
\end{aligned}$$

Somit ist $f \leq^{\mathcal{L}}_{\Delta'} h$ und $h \in C$. Daher ist

$$f \in C^{\mathcal{L}}_{\Delta'} \cap E_t.$$

Ebenso zeigt man, daß

$$C^{\mathcal{L}}_{\Delta'} \cap E_t \subseteq C^{\mathcal{L}}_{\Psi'} \cap E_t. \qquad \blacksquare$$

Ein ähnlicher Satz mit sogar schwächeren Voraussetzungen läßt sich im PolySum2-Modell $\mathcal{S}$ (Seite 50) zeigen:

Satz 3.28 *Sei $C \subseteq \mathcal{F}$, und sei Ψ eine in P-Zeit approximierbare Verteilung auf Σ^*. Dann gibt es eine in P-Zeit berechenbare Verteilung Δ, so daß*

$$C^{\mathcal{S}}_{\Psi'} = C^{\mathcal{S}}_{\Delta'}$$

gilt.

Beweis: Zum Beweis dieses Satzes benutzen wir die Beobachtung, daß für alle $t \in I\!N$ und alle Funktionen $\delta : \Sigma^* \to [0,1]$ mit

$$\delta(x) \leq 2^{-2 \cdot |x|}$$

gilt:

$$\sum_{x \in \Sigma^*} |x|^t \cdot \delta(x) < \infty.$$

Denn mit Lemma 3.26 folgt, daß es zu Ψ eine berechenbare Verteilung Δ gibt mit

$$|5 \cdot \Delta'(x) - \Psi'(x)| \leq 3 \cdot 2^{-2 \cdot |x|^t}.$$

Daher hat die Funktion

$$\delta(x) = |5 \cdot \Delta'(x) - \Psi'(x)|$$

die obige Eigenschaft.

Ist z.B. $f \in C^{\mathcal{S}}_{\Psi'}$, so gibt es ein $g \in C$, so daß für alle $t \geq 1$ gilt:

$$\sum_{\substack{x \in \Sigma^* \\ f(x) > g(x)}} |x|^t \cdot \Psi'(x) < \infty.$$

Daher gilt für alle $t \geq 1$

$$\sum_{\substack{x \in \Sigma^* \\ f(x) > g(x)}} |x|^t \cdot \Delta'(x)$$

$$\leq \sum_{\substack{x \in \Sigma^* \\ f(x) > g(x)}} |x|^t \cdot \frac{1}{5} \cdot (\Psi'(x) + \delta(x))$$

$$= \sum_{\substack{x \in \Sigma^* \\ f(x) > g(x)}} |x|^t \cdot \frac{1}{5} \cdot \Psi'(x) + \sum_{\substack{x \in \Sigma^* \\ f(x) > g(x)}} |x|^t \cdot \frac{1}{5} \cdot \delta(x)$$

$$< \infty.$$

Somit gilt $f \in C^{\mathcal{S}}_{\Delta'}$. Die Inklusion

$$C^{\mathcal{S}}_{\Delta'} \subseteq C^{\mathcal{S}}_{\Psi'}$$

folgt analog. ∎

Untersucht man, ob ein NP-Problem in mittlerer P-Zeit bezüglich einer P-Zeit approximierbaren Verteilung Ψ zu lösen ist, so kann man sich im erweiterten Levinschen Modell (Seite 43) und auch im PolySum2-Modell (Seite 50) auf die Untersuchung dieser Frage bezüglich P-Zeit berechenbaren Verteilungen zurückziehen. Diese Aussage ergibt sich aus den letzten beiden Sätzen, wenn man C durch die Menge der Polynome

Pol ersetzt und beachtet, daß alle *NP*-Probleme in exponentieller deterministischer Zeit gelöst werden können, wie aus der klassischen Komplexitätstheorie bekannt ist.

Aus Lemma 3.26 läßt sich außerdem folgender Satz für das average-case Modell $\mathcal{FU}$ folgern:

Satz 3.29 *Sei $C \subseteq \mathcal{F}$ und Ψ eine in P-Zeit approximierbare Verteilung, so gibt es eine in P-Zeit berechenbare Verteilung Δ, so daß*

$$C_{\Delta'}^{\mathcal{FU}} \subseteq C_{\Psi'}^{\mathcal{FU}}$$

gilt.

3.6.3 Generierbare Dichten und Verteilungen

Man stellt sich üblicherweise die "Quelle" zur "zufälligen" Erzeugung von Strings in Σ^* als eine probabilistische Turingmaschine vor, die bei leerer Eingabe Strings mit einer bestimmten, von der Definition der Maschine abhängigen Wahrscheinlichkeit liefert. In diesem Zusammenhang hat sich das Modell der *Münzwurfmaschine* durchgesetzt. Dabei handelt es sich um eine nichtdeterministische Turingmaschine, zu der es in jeder Konfiguration maximal zwei verschiedene Folgekonfigurationen gibt. Diese sind gleich wahrscheinlich. Jeder Konfigurationenfolge kann eine Wahrscheinlichkeit zugeordnet werden. Die Wahrscheinlichkeit für jede Ausgabe ist die Summe der Wahrscheinlichkeiten aller Konfigurationenfolgen, die bei fester Eingabe und damit fester Startkonfiguration zu dieser Ausgabe führen. Ist A eine solche Münzwurfmaschine, so bezeichnen die Werte $\pi_A(x, y)$ der Funktion

$$\pi_A : \Sigma^* \times (\Sigma^* \cup \{\infty\}) \to [0, 1]$$

die Wahrscheinlichkeit, daß A bei Eingabe x die Ausgabe y liefert. Diese Funktion heißt *Ausgabedichte* von A. Hierbei bedeutet $y = \infty$, daß A nicht anhält. Diese Funktion erfüllt

$$\sum_{y \in \Sigma^*} \pi_A(x, y) + \pi_A(x, \infty) = 1.$$

Daher sagt man, eine Münzwurfmaschine A *generiert* die Dichte $\pi_A(x, \cdot)$ bei Eingabe von x.

Eine formale Theorie der sogenannten *probabilistischen Turingmaschinen* und der *Münzwurfmaschinen*, die ein Spezialfall der probabilistischen Turingmaschinen sind, findet sich in [8].

Definition 3.30

1. *Eine Dichte $\gamma : \Sigma^* \to [0,1]$ wird von einer Münzwurfmaschine A in Zeit $t : \Sigma^* \to I\!N$ und Platz $s : \Sigma^* \to I\!N$ generiert, wenn A bei Eingabe ε mit Ausgabe x nur dann hält, wenn sie höchstens $t(x)$ Schritte gemacht und höchstens $s(x)$ Bandeinheiten benutzt hat, und wenn $\pi_A(\varepsilon, \cdot) = \gamma$ gilt, d.h. wenn die Ausgabedichte von A bei Eingabe ε die Dichte γ ist.*

2. *Ist $C \subseteq \mathcal{F}$, so sagen wir, γ wird in C-Zeit generiert, falls $t \in C$. Entsprechend heißt γ in C-Platz generierbar, falls $s \in C$.*

3. *Wir sagen, eine Verteilung Δ wird in Zeit t und Platz s generiert, falls es eine Münzwurfmaschine gibt, die die zugehörige Dichte Δ' in Zeit t und Platz s generiert. Analog ergeben sich die Begriffe Δ wird in C-Zeit generiert bzw. in C-Platz für $C \subseteq \mathcal{F}$.*

Definition 3.31 *Seien $C_1, C_2 \subseteq \mathcal{F}$. Die Klasse der in C_1-Zeit und C_2-Platz generierbaren Dichten aus $\mathcal{D}$ wird mit $Dgen(C_1, C_2)$ bezeichnet.*

Ist $C_1 = C_2 = \mathcal{F}$, so schreiben wir kurz $Dgen$ für die Klasse der (überhaupt) generierbaren Dichten.

Für die Menge von Dichten, deren zugehörige Verteilung in C_1-Zeit und C_2-Platz generierbar ist, führen wir die Menge $Vgen(C_1, C_2)$ ein.

Entsprechend ist $Vgen = Vgen(\mathcal{F}, \mathcal{F})$.

Es gilt der folgende Zusammenhang zwischen den berechenbaren und den generierbaren Verteilungen:

Satz 3.32 *Wird die Verteilung Δ in P-Zeit berechnet, so kann sie in P-Zeit generiert werden.*

Dieser Satz ergibt sich aus dem folgenden Lemma. Der Beweis des Satzes ist in [39] skizziert. Wir geben für das folgende allgemeinere Lemma einen Beweis an.

Lemma 3.33 *Sei $t : \Sigma^* \to I\!N$ eine längenwachsende Funktion, die in Zeit $O(t)$ unär berechnet werden kann. Ist die Verteilung Δ in Zeit t berechenbar, so kann sie in Zeit*

$$O(|\cdot|^k \cdot t(\cdot) \cdot \hat{t}(2 \cdot |\cdot|))$$

für ein $k \geq 1$ generiert werden.

Beweis: Werde die Verteilung Δ von einer deterministischen Turingmaschine in Zeit t berechnet.

Wir konstruieren eine Münzwurfmaschine M, die Δ in Zeit $O(|\cdot|^k \cdot t(\cdot) \cdot \hat{t}(2 \cdot |\cdot|))$ generiert. Seien

$$\begin{aligned}
B_\varepsilon &= \{y \in \{0,1\}^{t(\varepsilon)} : 0 \le bin(y) \le \Delta(\varepsilon)\}, \\
B_x &= \{y \in \{0,1\}^{t(x)} : \Delta(x \dotdiv (-1)) < bin(y) \le \Delta(x)\}
\end{aligned}$$

für $x \in \Sigma^+$ und sei $B = \bigcup_{x \in \Sigma^*} B_x$. Dann ist $|B_x| = 2^{t(x)} \cdot \Delta'(x)$ für alle $x \in \Sigma^*$.

Findet man nun einen Algorithmus, der nur Bitstrings generiert, die in B liegen, und darüber hinaus diese Bitstrings y mit der Wahrscheinlichkeit $2^{-|y|}$ liefert, so generiert er folgende Dichte

$$\tau(y) = \begin{cases} \frac{1}{2^{|y|}} & \text{falls } y \notin B, \\ 0 & \text{sonst.} \end{cases}$$

Daher ist die Wahrscheinlichkeit für alle $x \in \Sigma^*$, daß dieser Algorithmus ein $y \in B_x$ ausgibt, genau

$$|B_x| \cdot \frac{1}{2^{t(x)}} = \Delta'(x).$$

Findet man nun zu einem solchen y das zugehörige x und gibt dieses aus, so hat man einen Algorithmus zum Generieren von Δ.

Wir geben einen Algorithmus an, der die oben genannten Eigenschaften hat und darüber hinaus gleich das gewünschte x ausgibt.

Algorithmus 3.34

BEGIN		*(1)*
Ende = false; $y = \varepsilon$;		*(2)*
WHILE Ende = false		*(3)*
	Wähle per Münzwurf ein Bit b zufällig;	*(4)*
	$y = y \circ b$, wobei $\circ$ die Konkatenation ist;	*(5)*
	Suche mit Hilfe des binären Suchverfahrens ein $x \in \Sigma^*$ derart, daß $\Delta(x \dotdiv (-1)) < bin(y) \le \Delta(x)$ gilt bzw. $0 \le bin(y) \le \Delta(\varepsilon)$;	*(6)*
	IF $|y| \ge t(x)$	*(7)*
	THEN Ende = true;	*(8)*
	Gib x aus.	*(9)*
END		*(10)*

Wenn der Algorithmus z ausgibt, dann hat er genau $t(z)$ Schleifendurchläufe vollzogen. Man überlegt sich nämlich leicht, daß in jedem Schritt y genau um ein Bit wächst. Seien y_i und x_i die Belegungen der Variablen y und x im i-ten Schleifendurchlauf für $0 \leq i \leq t(z)$. Gilt für ein i, daß $|y_i| < t(x_i)$, so folgt

$$|y_{i+1}| = |y_i| + 1 \leq t(x_i) \leq t(x_{i+1}),$$

da t längenwachsend ist. Somit hält der Algorithmus, wenn $|y_i| = t(x_i)$ gilt, dazu sind $t(z)$ Schleifendurchläufe nötig.

Wenn der Algorithmus mit Ausgabe z hält, gilt $y_{t(z)} \in B_z$. Daher gilt für das letzte berechnete y, daß $y \in B$ erfüllt ist. Da in jedem Schleifendurchlauf ein weiteres Bit gleichverteilt gewählt wird, ist die Wahrscheinlichkeit dafür, daß der Algorithmus ein bestimmtes $y \in B$ liefert, gleich $2^{-|y|}$. Somit hat dieser Algorithmus die oben genannten Eigenschaften und generiert damit Δ.

Es bleibt, die binäre Suche zu erläutern, die in Schritt (6) durchgeführt wird, und ebenso bleibt zu zeigen, daß der Algorithmus die gewünschte Laufzeit hat.

Sei also y ein Bitstring, und das eindeutige $x \in \Sigma^*$ sei gesucht, das

$$\Delta(x \dotdiv (-1)) < bin(y) \leq \Delta(x)$$

bzw.

$$0 \leq bin(y) \leq \Delta(\varepsilon)$$

erfüllt. Sei x_j der String, der bezüglich der zugrunde liegenden lexikographischen Ordnung die Nummer 2^j hat. Zunächst untersucht man mit wachsendem j, ob

$$bin(y) \leq \Delta(x_j)$$

gilt. Sobald man das erste j mit dieser Eigenschaft gefunden hat, sucht man binär im Bereich $]x_{j-1}, x_j]$, d.h. nach dem gleichen Prinzip wie zuvor. Sicher ist die Nummer von x bezüglich der lexikographischen Ordnung mindestens $\frac{1}{2} \cdot j$, für dieses kleinste j. Somit ruft man den Berechnungsalgorithmus für Δ nur mit Eingaben x' auf, die $|x'| \leq 2 \cdot |x|$ erfüllen. Insgesamt ruft man den Berechnungsalgorithmus $O(|x|)$ oft auf, wobei jeweils maximal $\hat{t}(2 \cdot |x|)$ Schritte nötig sind. Daraus ergibt sich eine Gesamtlaufzeit zur Berechnung der unterschiedlichen Δ-Werte von $O(|x| \cdot \hat{t}(2 \cdot |x|))$ Schritten. Dazu kommt noch die polynomielle Laufzeit beim Berechnen der Strings zu den vorgegebenen Nummern. Diese hängt von der zugrunde gelegten lexikographischen Ordnung ab. Also beträgt die Gesamtlaufzeit der Suche $O(|x|^c \cdot \hat{t}(2 \cdot |x|))$ für ein $c \geq 1$.

Da der Algorithmus zum Generieren $t(x)$ Schleifendurchläufe benötigt und in jedem Durchlauf eine Suche erfolgt, ist seine Laufzeit durch

$$O(|x|^c \cdot t(x) \cdot \hat{t}(2 \cdot |x|))$$

beschränkt.   ■

Aus dem obigen Satz ergibt sich die folgende Charakterisierung der in C-Zeit generierbaren Verteilungen. Gelegentlich wird statt der obigen Definition für generierbare Dichten auch eine Definition verwendet, die der Charakterisierung von Lemma 3.36 entspricht.

Dazu benötigen wir zunächst den Begriff der *induzierten Dichte*.

Definition 3.35 *Sei* $h : \Sigma^* \to \Sigma^*$ *und* $\mu \in \mathcal{D}$, *so bezeichnet*

$$\mu_h(x) = \sum_{\substack{y \in \Sigma^* \\ h(y)=x}} \mu(y),$$

die durch h über μ induzierte Dichte.

Sei nun $C \subseteq \mathcal{F}$ eine Menge von Funktionen, für die gilt:

1. Für alle $f \in \mathcal{F}$ und $g \in C$ mit $f \leq g$ gilt $f \in C$.

2. Für alle $f, g \in C$ gilt $f + g \in C$.

3. Für alle $g \in C$ gibt es eine längenwachsende Funktion $h \in C$ mit $g \leq h$ und

$$| \cdot |^c \cdot h(\cdot) \cdot \widehat{h}(2 \cdot | \cdot |) \in C.$$

Lemma 3.36

1. *Wenn es eine in C-Zeit berechenbare Funktion $h : \Sigma^* \to \Sigma^*$ mit $|h(x)| \geq |x|$ für alle $x \in \Sigma^*$ und eine in C-Zeit berechenbare Verteilung Γ gibt mit $\Gamma'_h = \mu$, dann ist die Dichte μ in C-Zeit generierbar.*

2. *Sei $\Sigma = \{0,1\}$. Ist die Diche μ in C-Zeit generierbar, so gibt es eine in C-Zeit berechenbare Funktion $h : \Sigma^* \to \Sigma^*$ und eine Dichte γ mit $\gamma_h = \mu$, für die gilt:*

$$\gamma(x) \in \left\{ 0, \frac{1}{2^{|x|}} \right\}$$

für alle $x \in \Sigma^*$.

Beweis:

Wir beweisen zunächst die erste Behauptung des Lemmas:

Werde h von der deterministischen Turingmaschine M in Zeit $g \in C$ berechnet und berechne T die Verteilung Γ in Zeit $t \in C$. Nach dem vorangehenden Lemma 3.33

gibt es dann eine Münzwurfmaschine T', die Γ' in Zeit $d \cdot |x|^k \cdot t(x) \cdot \hat{t}(2 \cdot |x|)$ für geeignete Konstante $d, k \in I\!N$ generiert. O.B.d.A. seien g und t längenwachsend und erfülle g

$$| \cdot |^c \cdot g(\cdot) \cdot \hat{g}(2 \cdot | \cdot |) \in C.$$

Durch Hintereinanderschalten der Maschine M hinter T' ergibt sich eine Münzwurfmaschine, die $\Gamma'_h = \mu$ generiert. Ist die Ausgabe dieser Münzwurfmaschine y, so gibt es ein x mit $h(x) = y$. Damit ist $|x| \leq |y|$. Die Laufzeit ergibt sich infolge der Eigenschaften von C dabei zu

$$d \cdot |x|^k \cdot t(x) \cdot \hat{t}(2 \cdot |x|) + g(x) \leq d \cdot |y|^k \cdot t(y) \cdot \hat{t}(2 \cdot |y|) + g(y) \in C.$$

Aus den Eigenschaften von C folgt die Behauptung.

Wir kommen nun zum Beweis der zweiten Behauptung des Lemmas:

Eine Münzwurfmaschine M arbeitet im wesentlichen wie eine deterministische Turingmaschine bis auf die Konfigurationen, in denen zwei Folgekonfigurationen möglich sind. Wir nennen diese im folgenden *Münzwurf-Konfigurationen*. Betrachtet man eine Berechnung der Münzwurfmaschine bei Eingabe ε und ordnet man dieser Berechnung eine Folge aus $\{0,1\}^*$ zu, die kodiert, welche Folgekonfigurationen in den Münzwurf-Konfigurationen gewählt wurde, so läßt sich anhand dieses Bitstrings und der Beschreibung der Münzwurfmaschine die gesamte Berechnung rekonstruieren. Offensichtlich sind in der Regel nicht alle Bitstrings Beschreibungen einer Berechnung einer gegebenen Münzwurfmaschine, und nach Definition der Münzwurfmaschinen ist die Wahrscheinlichkeit, mit der diese Maschine die zu einem gegebenen Bitstring b gehörige Berechnung ausführt,

$$\gamma(b) = \begin{cases} \frac{1}{2^{|b|}} & \text{falls } b \text{ einer Berechnung entspricht,} \\ 0 & \text{sonst.} \end{cases}$$

Sei $B_M \subseteq \{0,1\}^*$ die Menge der Bitstring, die einer Berechnung von M entsprechen.

Ist μ in C-Zeit generierbar, dann gibt es eine Münzwurfmaschine M und eine Funktion $g \in C$, so daß M die Dichte μ in Zeit g generiert, d.h. $\pi_M(\varepsilon, x) = \mu(x)$ für alle $x \in \Sigma^*$. Zu M konstruieren wir die folgende deterministische Turingmaschine $\tilde{M}$: Als Eingabe erhält $\tilde{M}$ einen endlichen Bitstring b. Die Turingmaschine arbeitet analog zu M mit dem Unterschied, daß sie stets dann ein Zeichen der Eingabe liest und den Lesekopf ein Zeichen weiter nach rechts bewegt, wenn bei der Simulation von M eine Münzwurf-Konfiguration auftritt. Dann wird gemäß dem gelesenen Bit der Eingabe eine der beiden möglichen Folgekonfigurationen von M durch $\tilde{M}$ gewählt. Parallel zu der Simulation, protokolliert $\tilde{M}$ die Zahl der gemachten Übergänge auf einem weiteren Arbeitsband. Ist $b \in B_M$, so führt $\tilde{M}$ genau die Berechnung durch, die zu b bezüglich M gehört. Ist der Bitstring der Eingabe zu kurz, d.h. gerät $\tilde{M}$

bei der Simulation in eine Münzwurf-Konfiguration und der Bandkopf des Eingabe-
bandes steht hinter der Eingabe, so bricht die Maschine ab und kopiert den Inhalt
des Protokollbandes auf ihr erstes Arbeitsband, d.h. in diesem Fall ist die Ausgabe
bis auf eine multiplikative Konstante so lang, wie die Berechnungszeit. Offenbar berechnet somit die deterministische Turingmaschine $\tilde{M}$ eine Funktion $h : \Sigma^* \to \Sigma^*$
mit $\Sigma = \{0,1\}$. Nach Konstruktion und den Eigenschaften von C ist h in C-Zeit
berechenbar. Weiterhin ist die Ausgabeverteilung von $\tilde{M}$ bei Eingabeverteilung γ
genau

$$\gamma_h(\cdot) = \pi_M(\varepsilon, \cdot) = \mu(\cdot).$$

Daraus ergibt sich die zweite Aussage des obigen Lemmas.   ■

3.6.4   Angeordnete Dichten und Verteilungen

Im Reischuk-Schindelhauer-Modell (Seite 56) wird eine weitere Klasse von Dichten
definiert, die *angeordneten* Dichten. (Siehe [29].) Im englischen Orginal werden diese
rankable genannt.

Definition 3.37

1. *Seien* s, $t : \Sigma^* \to I\!N$. *Eine Dichte* $\gamma : \Sigma^* \to [0,1]$ *ist* in Zeit t und in
   Platz s angeordnet, *falls es eine deterministische Turingmaschine gibt, die die
   Funktion* rank_γ *in Zeit* t *und Platz* s *berechnet.*

2. *Ist* $C \subseteq \mathcal{F}$ *und* $t \in C$, *so sagen wir,* γ *ist* C-Zeit-angeordnet. *Entsprechend
   heißt* γ C-Platz-angeordnet, *falls* $s \in C$.

Nach [29] ist das Konzept der angeordneten Dichten nicht mit den Konzepten der
berechenbaren und der generierbaren Dichten vergleichbar, da im erstgenannten Konzept unterschiedliche Dichten als gleich behandelt werden, wenn sie die gleiche Rangfunktion haben, während dies in den beiden letztgenannten offensichtlich nicht der
Fall ist. Ebenso wie wir im folgenden nicht im Detail auf Ergebnisse des Reischuk-
Schindelhauer-Modells eingehen werden, werden wir angeordnete Dichten nicht weiter untersuchen. Wir verweisen daher auf die folgenden Veröffentlichungen: [2], [6],
[29], [30], [31] und [32].

3.7 Sprachklassen

Definition 3.38

1. *Sei $L \subseteq \Sigma^*$, $\gamma \in \mathcal{D}$, $t : \Sigma^* \to I\!N_0$ (bzw. $s : \Sigma^* \to I\!N_0$), $R = (H,V)$ ein Vergleichsmodell und $C \subseteq \mathcal{F}$. Gibt es ein $k > 0$ und eine t-zeitbeschränkte (bzw. s-platzbeschränkte) deterministische bzw. nichtdeterministische k-Band Turingmaschine A, so daß $t \in C_\gamma^R$ (bzw. $s \in C_\gamma^R$) gilt, so akzeptiert A die Sprache L in mittlerer C-Zeit (bzw. in mittlerem C-Platz) bezüglich γ und R.*

2. *Ist $R = (H,V)$ ein Vergleichsmodell, $C \subseteq \mathcal{F}$ und $D \subseteq \mathcal{D}$, so bezeichnet $DTime_D^R(C)$ die Menge aller Sprachen L, für die gilt, daß es zu jedem $\gamma \in D$ ein $k > 0$ und eine deterministische k-Band Turingmaschine gibt, die L in mittlerer C-Zeit bezüglich γ und R akzeptiert.*

   Analog sind $NTime_D^R(C)$, $DSpace_D^R(C)$ und $NSpace_D^R(C)$ definiert.

Ist $D = \{\gamma\}$ einelementig, so schreiben wir statt $DTime_{\{\gamma\}}^R(C)$ auch kurz

$$DTime_\gamma^R(C).$$

Analog schreiben wir

$$NTime_\gamma^R(C),\, DSpace_\gamma^R(C),\, NSpace_\gamma^R(C).$$

Mit $DTime(C)$, $NTime(C)$, $DSpace(C)$ und $NSpace(C)$ bezeichnen wir die bekannten worst-case Sprachklassen, d.h. zum Beispiel ist $DTime(C)$ die Menge aller Sprachen L, für die es eine deterministische Turingmaschine M mit Laufzeit $t \in C$ und $L = L(M)$ gibt. Weiter benutzen wir folgende abkürzende Schreibweisen:

$$
\begin{aligned}
P &= DTime(Pol) \\
NP &= NTime(Pol) \\
DExpTime &= DTime\!\left(2^{O(|x|)}\right), \\
NExpTime &= NTime\!\left(2^{O(|x|)}\right), \\
PSpace &= DSpace(Pol),
\end{aligned}
$$

dabei ist *Pol* die in Gleichung (3.1) (Seite 64) definierte Menge der Polynomfunktionen.

Offenbar gilt infolge der Verträglichkeit mit $\leq$ bei schwachen average-case Modellen der folgende Satz:

Satz 3.39 *Sei $R = (H, V)$ ein schwaches average-case Modell, $D_1, D_2 \subseteq \mathcal{D}$ mit $D_1 \subseteq D_2$ und $C \subseteq \mathcal{F}$. Dann gilt*

$$
\begin{aligned}
DTime(C) &\subseteq DTime_{D_2}^{R}(C) &\subseteq DTime_{D_1}^{R}(C), \\
NTime(C) &\subseteq NTime_{D_2}^{R}(C) &\subseteq NTime_{D_1}^{R}(C), \\
DSpace(C) &\subseteq DSpace_{D_2}^{R}(C) &\subseteq DSpace_{D_1}^{R}(C), \\
NSpace(C) &\subseteq NSpace_{D_2}^{R}(C) &\subseteq NSpace_{D_1}^{R}(C).
\end{aligned}
$$

Kapitel 4

Komplexitätstheorie

In diesem Kapitel zeigen wir eine Reihe wichtiger komplexitätstheoretischer Resultate, die sich ergeben, wenn man den Überlegungen ein schwaches average-case Modell zugrunde legt.

Eine Reihe bekannter Resultate aus der worst-case Komplexitätstheorie lassen sich ohne weitere Voraussetzungen übertragen.

Wir gehen in den folgenden Abschnitten stets von einem schwachen average-case Modell R aus.

4.1 Bekanntes aus der klassischen Komplexitätstheorie

Wir zitieren in diesem Abschnitt bekannte Sätze aus der klassischen Komplexitätstheorie, die wir in den folgenden Abschnitten zum Beweis einiger Aussagen benutzen werden.

Da die Anzahl der Zustände und das Bandalphabet einer Turingmaschine beliebig groß sein können, kann der zum Akzeptieren einer Sprache benötigte Speicher immer um einen konstanten Faktor komprimiert werden, indem verschiedene Bandsymbole zu einem Symbol kodiert werden. (Vergleiche [19].) Eine ähnliche Aussage gilt auch für die Laufzeit. Daher können konstante Faktoren in den Laufzeit- und Platzschranken ignoriert werden. Dies wird in den folgenden Sätzen präzisiert.

Seien im folgenden $s : \Sigma^* \to I\!N$ und $t : \Sigma^* \to I\!N$.

Satz 4.1 (Bandkompression) *Sei $L \in \Sigma^*$. Wird L von einer s-platzbeschränkten Turingmaschine mit k Arbeitsbändern akzeptiert, so gilt für jedes $c > 0$, daß es eine Turingmaschine M mit k Arbeitsbändern gibt, die L in Platz $\max(1, \lceil c \cdot s(\cdot) \rceil)$ akzeptiert.*

Satz 4.2 (Bandreduktion)

1. *Wird L von einer s-platzbeschränkten Turingmaschine mit $k \geq 1$ Arbeitsbändern akzeptiert, so gibt es eine Turingmaschine mit nur einem Arbeitsband, die L in Platz s akzeptiert.*

2. *Wird L von einer k-Band Turingmaschine mit $k \geq 1$ in Zeit t akzeptiert, so gibt es eine Turingmaschine mit nur einem Arbeitsband, die L in Zeit t^2 akzeptiert.*

Die Beweise zu den letzten beiden Sätzen findet man in [19].

Gemäß [28] gelten die folgenden beiden Sätze:

Satz 4.3 (Beschleunigung) *Sei $k \geq 0$. Wird L von einer Turingmaschine mit k Arbeitsbändern in Zeit t akzeptiert und ist $\varepsilon > 0$, so gibt es eine Turingmaschine mit $(k+1)$ Arbeitsbändern, die L in Zeit $|\cdot| + \varepsilon \cdot (|\cdot| + t(\cdot)) + 5$ akzeptiert.*

Definition 4.4 *Eine Funktion $s : \Sigma^* \to I\!N$ heißt* voll platzkonstruierbar, *wenn es ein $k > 0$ und eine deterministische k-Band Turingmaschine gibt, die bei allen Eingaben $x \in \Sigma^*$ auf dem ersten Arbeitsband genau $s(x)$ Bandeinheiten benutzt.*

Eine Funktion $t : \Sigma^* \to I\!N$ heißt voll zeitkonstruierbar, *wenn es ein $k > 0$ und eine deterministische k-Band Turingmaschine gibt, die bei allen Eingaben $x \in \Sigma^*$ genau $t(x)$ Schritte macht.*

Nach [19] gilt der folgende Zeithierarchiesatz:

Satz 4.5 *Ist $t_1 : \Sigma^* \to I\!N$ eine Funktion, ist $t_2 : \Sigma^* \to I\!N$ eine voll zeitkonstruierbare Funktion und gilt*

$$\liminf_{|x| \to \infty} \frac{t_1(x) \cdot \log(t_1(x))}{t_2(x)} = 0,$$

dann gibt es eine Sprache L, die von einer deterministischen Turingmaschine in Zeit t_2 akzeptiert wird, die aber von keiner deterministischen Turingmaschine in Zeit t_1 akzeptiert werden kann.

4.2   Hierarchiesätze

4.2.1   Theorie der Complexity Cores

Wir benötigen zum Beweis von Hierarchiesätzen Ergebnisse aus der Theorie der allgemeinen Complexity Cores. Aus diesem Grund werden wir die dabei verwendeten Begriffe und Resultate hier einführen. Wir folgen dabei den Ausführungen in [13] und [11]. Man beachte, daß in der Literatur häufig der Begriff *Hard Core* anstelle von *Complexity Core* verwendet wird.

Definition 4.6 *Sei C eine Klasse von Sprachen in Σ^*. Für alle Sprachen $L \subseteq \Sigma^*$ sei*

$$\mathcal{C}_L = \{C \in \mathcal{C} : C \subseteq L\}.$$

Eine unendliche Menge $\mathcal{H} \subseteq \Sigma^*$ heißt Complexity Core *von L bezüglich $\mathcal{C}$, wenn für alle $C \in \mathcal{C}_L \cup \mathcal{C}_{\overline{L}}$ gilt:*

$$|C \cap \mathcal{H}| < \infty.$$

Falls ferner $\mathcal{H} \subseteq L$ gilt, ist $\mathcal{H}$ ein echtes Complexity Core.

Wir erläutern zuerst die Bedeutung der Complexity Core Theorie an einem Beispiel.

Sei $L \subseteq \Sigma^*$ eine Sprache. Falls es ein Complexity Core $\mathcal{H}$ von L bezüglich $\mathcal{C} = P$ gibt, so bedeutet dies für alle $t \geq 1$, daß alle deterministischen Turingmaschinen, die L akzeptieren, bei Eingabe x für fast alle $x \in \mathcal{H}$ mehr als $|x|^t$ Schritte machen.

Falls es nämlich eine deterministische Turingmaschine M mit $L(M) = L$ und ein $t \geq 1$ gibt, so daß M auf einer unendlichen Teilmenge $U \subseteq \mathcal{H}$ maximal $|x|^t$ Schritte bei Eingabe $x \in U$ macht, so wird die Sprache

$$C = \{x : M \text{ akzeptiert } x \text{ in maximal } |x|^t \text{ Schritten}\}$$

in P-Zeit akzeptiert. Es gilt somit $C \in \mathcal{C}_L$ und $|\mathcal{H} \cap C| = \infty$. Dies ist ein Widerspruch dazu, daß $\mathcal{H}$ ein Complexity Core von L bezüglich $\mathcal{C} = P$ ist.

Wir benötigen noch einige Begriffe:

Definition 4.7
Sei $S \subseteq \Sigma^*$ eine unendliche Menge. Wir nennen eine Folge $X = \{x_i\}_{i \in \mathbb{N}_0}$ eine rekursive Aufzählung *von S, wenn folgende Bedingungen erfüllt sind:*

1. *Die Folge X ist eine Aufzählung von S.*

2. *Es gibt eine deterministische Turingmaschine, die für alle $i \in \mathbb{N}_0$ bei Eingabe 1^i den String x_i ausgibt.*

Ist die Folge X darüber hinaus eine wiederholungsfreie Aufzählung von S, so nennen wir sie eine rekursive wiederholungsfreie Aufzählung.

Entsprechend sind die Begriffe *rekursiv aufzählbar*, *rekursiv wiederholungsfrei aufzählbar* und *rekursive Aufzählung* zu verstehen.

Wir führen in der folgenden Definition einige Begriffe ein, die in der Literatur (vergleiche [11]) üblich sind:

Definition 4.8 *Sei C eine Klasse von Sprachen in Σ^*.*

1. *Die Klasse C heißt* rekursiv aufzählbar, *wenn es eine Folge $\{C_i\}_{i \in N_0}$ von Sprachen in C und eine deterministische Turingmaschine gibt, die bei Eingabe von 1^i, $i \in I\!N_0$, die Kodierung einer deterministischen Turingmaschine ausgibt, die C_i erkennt, und wenn ferner*

$$C = \{C_i : i \in I\!N_0\}$$

gilt. Wir nennen $\{C_i\}_{i \in N_0}$ dann auch rekursive Aufzählung von C.

2. *Wir sagen, C ist* abgeschlossen unter endlicher Vereinigung, *wenn für alle Sprachen $C_1, C_2 \in C$ gilt:*

$$C_1 \cup C_2 \in C.$$

3. *Die Menge C heißt* abgeschlossen unter endlicher Variation, *wenn für alle Sprachen $C \in C$ und alle endlichen Sprachen $F \subseteq \Sigma^*$ stets $F \cup C \in C$ und $C \setminus F \in C$ gilt.*

4. *Die Menge C heißt* abgeschlossen unter Komplement, *wenn für alle $L \in C$ gilt $\overline{L} \in C$.*

Der folgende Satz besagt, daß sich für eine wichtige Klasse von Sprachen zeigen läßt, daß für diese Complexity Cores existieren.

Satz 4.9 *Sei C eine rekursiv aufzählbare Klasse rekursiver Sprachen, die unter endlicher Vereinigung und unter endlicher Variation abgeschlossen ist. Jede unendliche rekursive Sprache $L \notin C$ hat ein rekursives echtes Complexity Core bezüglich C.*

Beweis: Sei $\{C_i\}_{i \in N_0}$ im folgenden eine beliebige, aber feste rekursive Aufzählung der Menge C. Sei weiter $\{x_i\}_{i \in N_0}$ eine beliebige, aber feste rekursive wiederholungsfreie Aufzählung von Σ^*. Die Idee der Konstruktion besteht darin, alle Sprachen C_i aus C_L nacheinander in eine Menge U aufzunehmen und parallel dazu ein Complexity Core $\mathcal{H}$ zu berechnen. Dies geschieht, indem man sicherstellt, daß man nie einen String in $\mathcal{H}$ aufnimmt, der in einer der Sprachen in U liegt. Ein Problem besteht darin, daß es schwierig ist, die Sprachen $C_i \in C_L$ rekursiv aufzuzählen. Dieses löst man, indem man alle Sprachen aus C rekursiv aufzählt und parallel zur Konstruktion von $\mathcal{H}$ für alle $C \in U$ testet, ob es ein $x \in \overline{L}$ gibt mit $x \in C$. In diesem Fall gilt

$C \notin \mathcal{C}_L$, und wir entfernen C aus der Menge U.

Algorithmus 4.10

BEGIN	*(1)*
Setze $U = \emptyset$; $\mathcal{H} = \emptyset$; $i = 0$; $n = -1$;	*(2)*
LOOP FOREVER	*(3)*
Setze $U = U \cup \{C_i\}$;	*(4)*
REPEAT	*(5)*
Setze $n = n + 1$;	*(6)*
IF $x_n \notin L$	*(7)*
THEN FORALL $C \in U$, für die $x_n \in C$ gilt,	*(8)*
Setze $U = U \setminus \{C\}$;	*(9)*
UNTIL Es gilt $x_n \in L$ und $x_n \notin \bigcup_{C \in U} C$;	*(10)*
Setze $\mathcal{H} = \mathcal{H} \cup \{x_n\}$; $i = i + 1$;	*(11)*
END	*(12)*

Wir zeigen zunächst, daß die innere Schleife (Schritt (5) bis Schritt (10)) stets terminiert.

Wir nehmen an, daß die innere Schleife irgendwann nicht terminiert. Dann gibt es einen Wert j der Variable i, so daß beim j-ten Aufruf der inneren Schleife diese nicht abbricht. Sei n_j der Wert, den die Variable n hat, bevor die Schleife betreten wird, und sei U_j der Wert, den die Menge U zu diesem Zeitpunkt hat. Innerhalb dieser Schleife kommen keine neuen Mengen C zu U mehr hinzu, sondern alle $C \in U_j$, für die es ein $x_n \in \overline{L} \cap C$ mit $n \geq n_j$ gibt, werden aus U entfernt. Nachdem die Schleife daher oft genug durchlaufen wurde, gilt für alle C, die dann noch in U enthalten sind:

$$C \cap \overline{L} \subseteq \{x_n : n < n_j\}. \tag{4.1}$$

Sei n_k der Wert der Variable n zu diesem Zeitpunkt und U_k entsprechend der Wert der Variable U. Terminiert die Schleife nicht, so folgt, daß die Abbruchbedingung nicht erfüllt ist, und daher gilt für alle $x_n \in L$ mit $n \geq n_k$:

$$x_n \in \bigcup_{C \in U_k} C.$$

Sei $\tilde{L} = \bigcup_{C \in U_k} C$. Da $\mathcal{C}$ unter endlicher Vereinigung abgeschlossen ist, gilt $\tilde{L} \in \mathcal{C}$. Dann ist

$$\tilde{L} \setminus L \subseteq \{x_n : n < n_k\}$$

und

$$L \setminus \tilde{L} \subseteq \{x_n : n < n_k\}.$$

Also gibt es endliche Mengen F_1, F_2 mit $L = (\tilde{L} \cup F_1) \setminus F_2$. Da $\tilde{L} \in \mathcal{C}$ gilt und $\mathcal{C}$ unter endlicher Variation abgeschlossen ist, folgt: $L \in \mathcal{C}$. Dies ist ein Widerspruch zur Voraussetzung.

Somit terminiert die innere Schleife und in die Menge $\mathcal{H}$ wird dann ein Element aufgenommen, das vorher noch nicht in $\mathcal{H}$ enthalten war. Da aus $\mathcal{H}$ in keinem Schritt des Algorithmus ein Element entfernt wird, zählt dieser Algorithmus in $\mathcal{H}$ eine unendliche Menge auf. Gemäß Schritt (10) und (11) gilt $\mathcal{H} \subseteq L$.

Weiter ist zu zeigen, daß für alle $C' \in \mathcal{C}_L \cup \mathcal{C}_{\overline{L}}$ gilt

$$|\mathcal{H} \cap C'| < \infty.$$

Da $\mathcal{H} \subseteq L$ gilt, folgt $|\mathcal{H} \cap C'| < \infty$ für alle $C' \in \mathcal{C}_{\overline{L}}$. Sei $C' \in \mathcal{C}_L$, und sei i die Nummer von C' in der obigen Aufzählung von $\mathcal{C}$. Dann wird C' im i-ten Durchlauf der äußeren Schleife in die Menge U aufgenommen. Darüber hinaus wird C' nie wieder aus U entfernt, da wegen $C' \in \mathcal{C}_L$ für alle $x_n \notin L$ auch $x_n \notin C'$ gilt. Nachdem C' in U aufgenommen wurde, werden aber nur noch x_n in $\mathcal{H}$ aufgenommen, für die

$$x_n \notin \bigcup_{C \in U} C$$

gilt, d.h. insbesondere

$$x_n \notin C'.$$

Daher gilt

$$|\mathcal{H} \cap C'| < \infty.$$

Es bleibt zu zeigen, daß die von obigem Algorithmus konstruierte Menge $\mathcal{H}$ eine rekursive Sprache ist. Folgender Algorithmus erkennt $\mathcal{H}$: Bei Eingabe x wird die eindeutige Zahl $m \in \mathbb{N}$ berechnet, für die $x_m = x$ gilt. Dann wird der Algorithmus 4.10 solange simuliert, bis der Wert der Variablen n genau $m + 1$ ist. Wurde zuvor x_m in die Menge aufgenommen, die durch die Variable $\mathcal{H}$ repräsentiert wird, so wird 1 ausgegeben, sonst 0. Offenbar terminiert dieser Algorithmus bei allen Eingaben x und gibt genau dann 1 aus, wenn x zu irgendeinem Zeitpunkt von Algorithmus 4.10 in die Menge $\mathcal{H}$ aufgenommen wird. Daraus folgt, daß das konstruierte Complexity Core eine rekursive Sprache ist. ∎

4.2.2 Ein Hierarchiesatz für $DTime_\mu^R(T)$

In [19] werden Zeit- und Bandhierarchiesätze für die worst-case Komplexitätstheorie vorgestellt. Auch für schwache average-case Modelle $R = (H, V)$ können solche Sätze gezeigt werden. Wir zeigen im folgenden einen Zeithierarchiesatz. Analog beweist man entsprechende Bandhierarchiesätze.

Satz 4.11 *Sei $\omega \in \Omega_R$. Sei $g \in H$ längenwachsend, sei $h \in H$ längenwachsend und voll zeitkonstruierbar, und sei $f : \Sigma^* \to I\!N_0$, $f \in H$, $f(\cdot) \geq 2 \cdot |\cdot| + 6$, eine längenwachsende, voll zeitkonstruierbare Funktion, die g bezüglich R und ω dominiert. Gilt ferner*

$$\lim_{n \to \infty} \frac{\widehat{f}(n) \cdot \log(\widehat{f}(n))}{\widehat{h}(n)} = 0,$$

so gibt es eine Dichte $\mu \in \mathcal{D}_\omega$, so daß

$$DTime_\mu^R(\{g\}) \subseteq DTime_\mu^R(\{f\}) \subseteq DTime_\mu^R(\{h\})$$

aber

$$DTime_\mu^R(\{g\}) \neq DTime_\mu^R(\{h\})$$

gilt.

Beweis: Die Idee zur Konstruktion einer Dichte $\mu \in \mathcal{D}_\omega$ und einer Sprache

$$L \in DTime_\mu^R(\{h\}) \setminus DTime_\mu^R(\{g\})$$

besteht darin, ein Complexity Core $\mathcal{H}$ zu einer Sprache

$$L \in DTime(\{\widehat{h}\}) \setminus DTime(\{\widehat{f}\})$$

zu konstruieren und μ so zu wählen, daß $\mathcal{SUP}(\mu) = \mathcal{H}$ gilt. Mittels der schwachen Antisymmetrieeigenschaft und der Tatsache, daß f die Funktion g bezüglich R und ω dominiert, läßt sich die Aussage des Satzes dann folgern.

Die Funktion f spielt im obigen Satz die Rolle, die die Funktion $g(x) + 1$ im entsprechenden Satz der worst-case Theorie inne hat. Sie *trennt* die Funktion g von der Vergleichsfunktion h. In unserem Kontext ist f nötig, da wir nur die schwache Antisymmetrieeigenschaft voraussetzen.

Da nach Voraussetzung f die Funktion g bezüglich R und ω dominiert, gilt $g \leq f$. Daher ist $g \leq f \leq h$ erfüllt und für alle Dichten τ gilt

$$DTime_\tau^R(\{g\}) \subseteq DTime_\tau^R(\{f\}) \subseteq DTime_\tau^R(\{h\}),$$

da R verträglich mit $\leq$ ist. Nach dem Zeithierarchiesatz der klassischen Komplexitätstheorie (vergleiche Satz 4.5) gibt es eine Sprache

$$L \in DTime(\{\hat{h}\}) \setminus DTime(\{\hat{f}\}). \tag{4.2}$$

Somit gibt es zu jeder deterministischen Turingmaschine, die L akzeptiert, eine unendliche Menge von Strings x, an denen sie mehr als $f(x)$ Schritte macht.

Behauptung:
Es gibt eine Dichte $\mu \in \mathcal{D}_\omega$, so daß alle deterministischen Turingmaschinen M mit

$$L(M) = L$$

auf fast allen Eingaben $x \in \mathcal{SUP}(\mu)$ mehr als $f(x)$ Schritte machen.

Aus dieser Behauptung folgt dann insbesondere für alle Turingmaschinen, die L akzeptieren, daß für ihre Laufzeit t gilt:

$$f \leq_{\mathcal{SUP}(\mu)} t.$$

Somit ist gemäß Lemma 2.24

$$t \not\leq_\mu^R g,$$

und daher gilt

$$L \notin DTime_\mu^R(\{g\}).$$

Wir zeigen nun obige Behauptung:

Wir konstruieren im folgenden zunächst eine Menge $\mathcal{H}$, von der wir zeigen werden, daß alle deterministischen Turingmaschinen M mit $L(M) = L$ auf fast allen $x \in \mathcal{H}$ mehr als $f(x)$ Schritte benötigen. Dann konstruieren wir eine Dichte $\mu \in \mathcal{D}_\omega$ mit $\mathcal{SUP}(\mu) = \mathcal{H}$.

Da $f(\cdot) \geq 2 \cdot |\cdot| + 6$ gilt, ist nach dem Beschleunigungssatz (Satz 4.3)

$$DTime(\hat{f}) = DTime(O(\hat{f})).$$

Die Klasse

$$\mathcal{C} = DTime(O(\hat{f}))$$

ist aber unter endlicher Vereinigung und endlicher Variation abgeschlossen, wie wir im folgenden zeigen werden. Sind L_1, $L_2 \in \mathcal{C}$, so gibt es zwei deterministische Turingmaschinen M_1, M_2 und Konstanten c_1, $c_2 > 1$, so daß M_i, $i = 1, 2$, eine Eingabe $x \in \Sigma^*$ genau dann in höchstens $c_i \cdot f(x)$ Schritten akzeptiert, wenn $x \in L_i$ gilt. Man betrachte die folgende deterministische Turingmaschine M: Bei Eingabe von $x \in \Sigma^*$ führt M die Berechnungen der Maschinen M_1 und M_2 parallel maximal $\max\{c_1, c_2\} \cdot f(x)$ Schritte lang aus. Diese Schranke ist voll zeitkonstruierbar, da f

voll zeitkonstruierbar ist. Die Machine M akzeptiert die Eingabe genau dann, wenn eine dieser Berechnungen zum Akzeptieren führt. Daher ist die Laufzeit von M durch $O(f)$ beschränkt, und $\mathcal{C}$ ist unter endlicher Vereinigung abgeschlossen. Ebenso zeigt man, daß $\mathcal{C}$ unter endlicher Variation und unter Komplement abgeschlossen ist.

Wir können Satz 4.9 auf $\mathcal{C}$ und L anwenden. Somit gibt es zu L (vergleiche Formel (4.2)) eine Menge $\mathcal{H} \subseteq L$, so daß für alle $C \in \mathcal{C}_L \cup \mathcal{C}_{\overline{L}}$ gilt:

$$|C \cap \mathcal{H}| < \infty.$$

Daher benötigen alle deterministischen Turingmaschinen an fast allen Eingaben $x \in \mathcal{H}$ mehr als $f(x)$ Schritte.

Offensichtlich gibt es Dichten $\mu \in \mathcal{D}_\omega$ mit $\mathcal{SUP}(\mu) = \mathcal{H}$, zum Beispiel

$$\mu(x) = \begin{cases} \frac{c \cdot \omega(|x|)}{|\mathcal{H} \cap \Sigma^{|x|}|} & \text{für } x \in \mathcal{H} \\ 0 & \text{sonst,} \end{cases} \tag{4.3}$$

wobei c die Normierungskonstante ist. Damit ist die obige Behauptung und der Satz bewiesen. ∎

Falls die im vorangehenden Satz vorausgesetzte Dichte ω auf $\mathbb{N}_0$ berechenbar ist, ist auch die konstruierte Dichte μ (vergleiche (4.3)) berechenbar, da nach Satz 4.9 das Complexity Core $\mathcal{H}$, das zur Konstruktion von μ verwendet wird, eine rekursive Sprache ist.

4.2.3 Die Sprachklassen $\overline{DTime_\mu^R}(T)$

Sei $\mu \in \mathcal{D}$ eine Dichte, R ein Vergleichsmodell und $g \in \mathcal{F}$. Man beachte, daß $DTime_\mu^R(\{g\})$ die Menge aller Sprachen L ist, für die es eine Turingmaschine gibt, die genau die Sprache L akzeptiert und die die mittlere Laufzeit g bezüglich μ hat.

Ist $L \notin DTime_\mu^R(\{g\})$, so heißt dies, daß es keine deterministische Turingmaschine M gibt mit $L(M) = L$ und Laufzeit $t \leq_\mu^R g$. Ist $\mathcal{SUP}(\mu) \neq \Sigma^*$, so kann es aber durchaus eine deterministische Turingmaschine M' geben mit

$$L(M') \cap \mathcal{SUP}(\mu) = L \cap \mathcal{SUP}(\mu)$$

und einer Laufzeit $t \leq_\mu^R g$, d.h. für alle $x \in \mathcal{SUP}(\mu)$ gilt: M' akzeptiert x genau dann, wenn $x \in L$ gilt. Für alle $x \in \Sigma^* \setminus \mathcal{SUP}(\mu)$ kann nicht gesagt werden, ob M' akzeptiert oder nicht, aber auf den "wesentlichen" Eingaben $x \in \mathcal{SUP}(\mu)$ "arbeitet" M' korrekt.

Sei $T \subseteq \mathcal{F}$, $D \subseteq \mathcal{D}$ und R ein Vergleichsmodell. Wir bezeichnen mit

$$\overline{DTime_D^R}(T)$$

die Menge der Sprachen $L \subseteq \Sigma^*$, so daß es für alle $\mu \in D$ eine deterministische Turingmaschine M mit

$$L(M) \cap \mathcal{SUP}(\mu) = L \cap \mathcal{SUP}(\mu)$$

gibt, für deren Laufzeit $t_M \in T_\mu^R$ gilt. Entsprechend sind $\overline{NTime_D^R(T)}$, $\overline{DSpace_D^R(T)}$ und $\overline{NSpace_D^R(T)}$ zu verstehen.

Legt man die Sprachklassen $\overline{DTime_D^R(T)}$ den Überlegungen zu Zeithierarchiesätzen zugrunde, so funktioniert der Beweis zu Satz 4.11 nicht mehr, da dort

$$\mathcal{SUP}(\mu) \subseteq L$$

gilt und jede Turingmaschine, die konstant die 1 ausgibt, damit auf $\mathcal{SUP}(\mu)$ das richtige Ergebnis liefert. Das Konzept der Complexity Cores scheint in diesem Zusammenhang zu schwach zu sein.

Betrachtet man die positiven Beispiele für schwache average-case Modelle mit Ausnahme des Reischuk-Schindelhauer-Modells (Seite 56), so sieht man, daß man in allen Fällen den Beweis von Satz 4.11 derart modifizieren kann, daß dieser Satz für ein μ mit $\mathcal{SUP}(\mu) = \Sigma^*$ gilt. Dies erreicht man, indem man die folgende Dichte

$$\mu(x) = \begin{cases} \frac{c}{|x|^2} \cdot \left(1 - \frac{1}{2^{2\cdot|x|}}\right) \cdot \frac{1}{|\mathcal{H}\cap\Sigma^{|x|}|} & \text{falls } x \in \mathcal{H}, \\ \frac{c}{|x|^2} \cdot \frac{1}{2^{2\cdot|x|}} \cdot \frac{1}{|\mathcal{H}\cap\Sigma^{|x|}|} & \text{sonst,} \end{cases}$$

wählt. Dabei ist $c > 0$ die Normierungskonstante. Dann spielen die Elemente aus $\Sigma^* \setminus \mathcal{H}$ gewissermaßen keine Rolle bei der Bestimmung, ob $f \leq_\mu^R g$ gilt, während $\mathcal{SUP}(\mu) = \Sigma^*$ erfüllt ist. Im Reischuk-Schindelhauer-Modell gelten darüber hinaus sogar wesentlich feinere Hierarchiesätze. (Vergleiche [29].)

Um wiederum einen allgemeingültigen Hierarchiesatz für schwache average-case Modelle und Sprachklassen $\overline{DTime_\mu^R(T)}$ zu erhalten, bietet es sich an, nach einem stärkeren, der Idee der Complexity Cores verwandten Konzept zu suchen. Im folgenden Abschnitt stellen wir dieses neue Konzept, das wir *Strong Complexity Core* nennen, vor. (In [7] wurde der Begriff *Super Complexity Core* dafür eingeführt.)

4.2.4 Theorie der Strong Complexity Cores

In Abschnitt 4.2.1 zeigen wir die Existenz eines Complexity Cores $\mathcal{H}$ zu einer gegebenen Sprache L und einer Komplexitätsklasse $\mathcal{C}$. Dabei handelt es sich bei $\mathcal{C}$ zum Beispiel um $DTime(T)$, wobei $T \subseteq \mathcal{F}$ eine geeignete Menge von Laufzeitfunktionen ist. Dann gilt für $t \in T$ und alle deterministischen Turingmaschinen M mit

$$L(M) = L,$$

daß für fast alle $x \in \mathcal{H}$ die Turingmaschine M bei Eingabe x mehr als $t(x)$ Schritte macht. Eine Menge S, für die eine analoge Aussage für die größere Menge der deterministischen Turingmaschinen M mit

$$L(M) \cap S = L \cap S$$

gilt (d.h. für die Menge der deterministischen Turingmaschinen, die χ_L wenigstens für alle Eingaben aus der Menge S korrekt berechnen), nennen wir *Strong Complexity Core* von L bezüglich $\mathcal{C}$. Man beachte, daß im Falle eines Complexity Cores alle Turingmaschinen betrachtet werden, die χ_L für alle Eingaben aus Σ^* korrekt berechnen, während im Falle eines Strong Complexity Cores alle Turingmaschinen betrachtet werden müssen, die lediglich auf S korrekt rechnen.

Sei im folgenden Σ ein endliches Alphabet, das die Zeichen 0 und 1 beinhaltet. Seien "?" ein weiteres Zeichen, das nicht zu Σ gehört, $L \subseteq \Sigma^*$ eine Sprache und $\mathcal{C}$ eine Klasse von Sprachen über Σ.

Definition 4.12 *Eine Menge* $S \subseteq \Sigma^*$ *heißt* Strong Complexity Core *von* L *bzgl.* $\mathcal{C}$, *wenn* $|S \cap L| = \infty$ *und* $|S \cap \overline{L}| = \infty$ *gilt und wenn für alle* $D \in \mathcal{C}$, *für die* $(D \cap S) \cap L = \emptyset$ *oder* $(D \cap S) \cap \overline{L} = \emptyset$ *gilt, daß die Menge* $D \cap S$ *endlich ist.*

Am folgenden Beispiel erläutern wir diese Definition: Sei $\mathcal{C} = P$, $L \notin P$ und S ein Strong Complexity Core von L bzgl. P. Sei $p \in I\!\!N[X]$ ein Polynom, und sei M eine Turingmaschine, die 1 bei Eingaben $x \in S \cap L$ und 0 bei Eingaben $x \in S \cap \overline{L}$ ausgibt. Falls es eine unendliche Teilmenge $A \subseteq S$ gibt, so daß M's Laufzeit durch $p(|x|)$ für alle $x \in A$ beschränkt ist, so nehmen wir ohne Beschränkung der Allgemeinheit an, daß $|A \cap S \cap L| = \infty$ gilt. Wir betrachten die Turingmaschine M', die M simuliert, aber nach höchstens $p(|x|)$ simulierten Schritten stoppt. Falls dabei die Simulation von M nicht abgebrochen wurde, gibt M' das Berechnungsergebnis von M aus, andernfalls gibt sie 0 aus. Sei $L(M')$ die Menge aller Eingaben, die von M' akzeptiert werden. Nach Konstruktion ist $L(M') \cap S = A \cap S \cap L$. Somit ist $|L(M') \cap S| = \infty$. Darüber hinaus ist $L(M') \cap S \cap \overline{L} = \emptyset$, im Widerspruch dazu, daß S ein Strong Complexity Core ist. Daraus folgt, daß die Laufzeit von M mehr als $p(|x|)$ Schritte an fast allen Eingaben $x \in S$ beträgt.

Satz 4.13

1. *Die Menge der Strong Complexity Cores von* L *bzgl.* $\mathcal{C}$ *ist eine echte Teilmenge der Menge der Complexity Cores von* L *bzgl.* $\mathcal{C}$.

2. *Wenn* S *ein Strong Complexity Core einer Sprache* L *bzgl.* $\mathcal{C}$ *ist, dann sind* $A_1 = S \cap L$ *und* $A_2 = S \cap \overline{L}$ *immune Mengen für* $\mathcal{C}$, *d.h.* A_1 *und* A_2 *enthalten keine unendlichen Teilmengen in* $\mathcal{C}$.

3. *Die Menge Σ^* ist ein Strong Complexity Core von L bzgl. $\mathcal{C}$, genau dann wenn L eine $\mathcal{C}$-biimmune Menge ist, d.h. L und $\overline{L}$ enthalten keine unendlichen Teilmengen in $\mathcal{C}$.*

Beweis: Offensichtlich ist jedes Strong Complexity Core auch ein Complexity Core. Da jedes echte Complexity Core kein Strong Complexity Core sein kann, folgt Behauptung 1. Behauptung 2 und Behauptung 3 folgen aus der Definition von Strong Complexity Cores.   ∎

Wir werden im folgenden zeigen, daß für Sprachklassen $\mathcal{C}$ mit speziellen Eigenschaften und für eine Sprache $L \notin \mathcal{C}$ stets Strong Complexity Cores S von L bzgl. $\mathcal{C}$ existieren (vergleiche [7]).

Definition 4.14 *Eine Klasse $\mathcal{C}$ von Sprachen in Σ^* heißt normal, wenn $\mathcal{C}$ nichtleer, abzählbar und abgeschlossen unter endlicher Vereinigung, endlicher Variation und Komplement ist.*

Man beachte den Unterschied zwischen abzählbar (Abschnitt 1.2) und rekursiv aufzählbar (Definition 4.7). Beispiele für normale Sprachklassen sind L, NL, $P/poly$, P, PP, BPP, $PSpace$, $NP \cap co - NP$, die Menge der regulären Sprachen und die Menge der deterministischen kontextfreien Sprachen. Zur Definition dieser Sprachklassen vergleiche [28], [23] ud [24].

Satz 4.15 *Ist $\mathcal{C}$ eine normale Sprachklasse über Σ und $L \subseteq \Sigma^*$, $L \notin \mathcal{C}$, dann gibt es ein Strong Complexity Core von L bzgl. $\mathcal{C}$.*

Beweis: Da $\mathcal{C}$ normal ist, ist $\mathcal{C}$ insbesondere abzählbar und nach Abschnitt 1.2 gibt es eine Aufzählung $\mathcal{D} = \{D_i\}_{i \in N_0}$ von $\mathcal{C}$ mit unendlich vielen Wiederholungen. Da $\mathcal{E} = \{C \in \mathcal{C} \ : \ |C \cap \overline{L}| < \infty\}$ und $\mathcal{F} = \{C \in \mathcal{C} \ : \ |C \cap L| < \infty\}$ Teilmengen von $\mathcal{C}$ sind, sind diese Mengen ebenfalls abzählbar. Seien entsprechend $\{E_i\}_{i \in N_0}$ und $\{F_i\}_{i \in N_0}$ Aufzählungen von $\mathcal{E}$ und $\mathcal{F}$ mit unendlich vielen Wiederholungen. Sei $\{x_i\}_{i \in N_0}$ eine wiederholungsfreie Aufzählung von Σ^*.

Wir konstruieren nun $A = S \cap L$ und $B = S \cap \overline{L}$:

Algorithmus 4.16

BEGIN	*(1)*
Setze $A = \emptyset$, $B = \emptyset$, $R_A = \emptyset$, $R_B = \emptyset$;	*(2)*
Setze $n = 0$, $\tilde{E}_n = \emptyset$, $\tilde{F}_n = \emptyset$;	*(3)*
LOOP FOREVER	*(4)*
Setze $n = n + 1$, $\tilde{E}_n = \bigcup_{0 \leq i \leq n} E_i$, $\tilde{F}_n = \bigcup_{0 \leq i \leq n} F_i$;	*(5)*
Setze $R_A = R_A \cup \{(D_n, \tilde{E}_n)\}$, $R_B = R_B \cup \{(D_n, \tilde{F}_n)\}$;	*(6)*
IF es gibt $(D_i, \tilde{E}_i) \in R_A$ mit $x_n \in (D_i \cap L) \setminus \tilde{E}_i$	*(7)*
THEN Setze $R_A = R_A \setminus \{(D_i, \tilde{E}_i) \in R_A : x_n \in (D_i \cap L) \setminus \tilde{E}_i\}$;	*(8)*
Setze $A = A \cup \{x_n\}$;	*(9)*
IF es gibt $(D_i, \tilde{F}_i) \in R_B$ mit $x_n \in (D_i \cap \overline{L}) \setminus \tilde{F}_i$	*(10)*
THEN Setze $R_B = R_B \setminus \{(D_i, \tilde{F}_i) \in R_B : x_n \in (D_i \cap \overline{L}) \setminus \tilde{F}_i\}$;	*(11)*
Setze $B = B \cup \{x_n\}$;	*(12)*
END	*(13)*

Behauptung 1:
Seien $D, F \in \mathcal{C}$. Sind $|(D \cap L) \setminus F| < \infty$ und $|F \cap \overline{L}| < \infty$ oder sind $|(D \cap \overline{L}) \setminus F| < \infty$ und $|F \cap L| < \infty$, dann ist $D \cap L \in \mathcal{C}$ und $D \cap \overline{L} \in \mathcal{C}$.

Seien $|(D \cap L) \setminus F| < \infty$ und $|F \cap \overline{L}| < \infty$. Da $\mathcal{C}$ normal ist, sind $F \cap \overline{L} \in \mathcal{C}$ und $(D \cap L) \setminus F \in \mathcal{C}$. Dann ist aber

$$D \cap L = D \cap ((F \cap \overline{(F \cap \overline{L})}) \cup ((D \cap L) \setminus F)) \in \mathcal{C}.$$

Darüber hinaus ist

$$D \cap \overline{L} = D \setminus (D \cap L) \in \mathcal{C}.$$

Ebenso gilt $D \cap L \in \mathcal{C}$ und $D \cap \overline{L} \in \mathcal{C}$ aus Symmetriegründen, falls $|(D \cap \overline{L}) \setminus F| < \infty$ und $|F \cap L| < \infty$ Somit folgt Behauptung 1.

Behauptung 2:
Die konstruierten Mengen A und B sind unendlich.

Sei $|A| < \infty$. Sei m maximal mit $x_m \in A$. Dann gilt für alle $z > m$

$$((D_z \cap L) \setminus \tilde{E}_z) \cap \{x_w : w > m\} = \emptyset.$$

Also ist $|(D_z \cap L) \setminus \tilde{E}_z| < \infty$. Nach Konstruktion ist $\tilde{E}_z = \bigcup_{0 \leq i \leq z} E_i$ und somit ist nach Voraussetzung $|\tilde{E}_z \cap \overline{L}| < \infty$. Gemäß Behauptung 1 ist dann $D_z \cap L \in \mathcal{C}$. Also gibt es nur endlich viele $z \geq 0$ mit $D_z \cap L \notin \mathcal{C}$. Es gibt aber unendlich viele $z \geq 0$ mit $D_z = \Sigma^*$. Somit folgt

$$L = \Sigma^* \cap L \in \mathcal{C}$$

im Widerspruch zur Voraussetzung. In analoger Weise führt die Annahme $|B| < \infty$ zum Widerspruch. Somit ist Behauptung 2 bewiesen.

Behauptung 3:
Für $D \in \mathcal{E} \cup \mathcal{F}$ gilt $|D \cap (A \cup B)| < \infty$.

Wir nehmen an, daß $D \in \mathcal{E}$ gilt. Dann ist $|D \cap \overline{L}| < \infty$. Da $D \cap B \subseteq D \cap \overline{L}$, ist $|D \cap B| < \infty$. Sei $D = E_i$. Es ist nach Konstruktion $E_i \subseteq \tilde{E}_j$ für alle $j \geq i$. Es gibt somit nur endlich viele Paare $(D_j, \tilde{E}_j) \in R_A$ (nämlich für $0 \leq j < i$) mit $E_i \not\subseteq \tilde{E}_j$, so daß in Schritt (9) nur dann ein $x_n \in E_i$ in A aufgenommen wird, wenn es ein Paar $(D_j, \tilde{E}_j) \in R_A$ mit $0 \leq j < i$ und $x_n \in (D_j \cap L) \setminus \tilde{E}_j$ gibt. Dies kann aber nur endlich oft, nämlich für $0 \leq j < i$, also i-mal auftreten. Also ist $|E_i \cap A| < \infty$. In analoger Weise zeigt man für $D \in \mathcal{F}$, daß $|D \cap (A \cup B)| < \infty$ gilt. Damit ist Behauptung 3 bewiesen.

Behauptung 4:
Für $D \in \mathcal{D}$, $D \notin \mathcal{E} \cup \mathcal{F}$ gilt $|D \cap (A \cup B)| < \infty$, oder es gilt $|D \cap A| = \infty$ und $|D \cap B| = \infty$.

Ist $D \cap L \in \mathcal{D}$ oder $D \cap \overline{L} \in \mathcal{D}$, so gibt es i, j mit $E_i = D \cap L \in \mathcal{E}$ und $F_j = D \cap \overline{L} \in \mathcal{F}$, da $\mathcal{C}$ normal ist und

$$D \cap \overline{L} = D \cap \overline{(D \cap L)} = \overline{\overline{D} \cup (\overline{D} \cup \overline{L})} \in \mathcal{D}$$

bzw.

$$D \cap L = D \cap \overline{(D \cap \overline{L})} = \overline{\overline{D} \cup (\overline{D} \cup L)} \in \mathcal{D}$$

gilt. Nach Behauptung 3 ist $|(D \cap L) \cap (A \cup B)| < \infty$ und $|(D \cap \overline{L}) \cap (A \cup B)| < \infty$. Also ist $|D \cap (A \cup B)| < \infty$. Ist dagegen $D \cap L \notin \mathcal{D}$ und $D \cap \overline{L} \notin \mathcal{D}$, so ist $|(D \cap L) \setminus \tilde{E}_i| = \infty$ und $|(D \cap \overline{L}) \setminus \tilde{F}_i| = \infty$ für alle i. Da es eine unendliche Teilfolge $\{D_{i_1}, D_{i_2}, \ldots\}$ von $\mathcal{D}$ gibt mit $D_{i_j} = D$ für alle j, werden $(D_{i_j}, \tilde{E}_{i_j})$ im i_j-ten Schleifendurchlauf nach R_A aufgenommen. Da aber $|(D \cap L) \setminus \tilde{E}_{i_j}| = \infty$ gilt, gibt es ein $x_n \in (D \cap L) \setminus \tilde{E}_{i_j}$ mit $n > i_j$. Daher wird das Paar $(D_{i_j}, \tilde{E}_{i_j})$ im n-ten Schleifendurchlauf aus R_A wieder entfernt, und x_n wird in A aufgenommen. Also ist $|D \cap A| = \infty$, und ebenso ist $|D \cap B| = \infty$.

Behauptung 5:
$S = A \cup B$ ist ein Strong Complexity Core von L bzgl. $\mathcal{C}$.

Behauptung 5 ergibt sich aus Behauptung 3 und Behauptung 4. ∎

Der obige Satz garantiert lediglich die Existenz von Strong Complexity Cores von L bezüglich $\mathcal{C}$. Die Konstruktion in Algorithmus 4.16 liefert jedoch keinen Anhaltspunkt dafür, ob es auch ein Strong Complexity Core S von L gibt, das selbst wiederum rekursiv aufzählbar oder rekursiv ist, d.h. für das eine deterministische Turingmaschine M existiert, die S akzeptiert oder gar erkennt.

Wie wir im folgenden zeigen werden, gibt es auch Strong Complexity Cores S zu einer Sprache L bezüglich einer rekursiv aufzählbaren, normalen Sprachklasse $\mathcal{C}$, die rekursiv sind. Unsere Konstruktion bedient sich der Technik, die wir zum Beweis der entsprechenden Aussage (vergleiche Beweis zu Satz 4.9) in der Theorie der Complexity Cores verwendet haben. Seien eine Sprachklasse $\mathcal{C}$ und eine Sprache $L \notin \mathcal{C}$ so gewählt, daß es ein Strong Complexity Core S von L bezüglich $\mathcal{C}$ gibt. Zunächst versuchen wir, das Problem der Konstruktion eines Strong Complexity Cores "lokal" zu lösen: Betrachtet man nur eine endliche Menge $M \subseteq \mathcal{C}$, so gibt es sicher ein Strong Complexity Core von L bezüglich M, nämlich wiederum S. In Anlehnung an die Charakterisierung der Strong Complexity Cores definieren wir sogenannte *Minicores* von L bezüglich M. Dabei handelt es sich um endliche Mengen, aus denen Strong Complexity Cores konstruiert werden können. Dann konstruieren wir eine unendliche Folge $\{M_i\}_{i \in N_0}$ endlicher Mengen $M_i \subseteq \mathcal{C}$ mit $M_{i-1} \subseteq M_i$, $i \geq 1$, und

$$\bigcup_{i \in N_0} M_i = \mathcal{C},$$

und parallel dazu konstruieren wir eine unendliche Folge von Minicores R_i von L bezüglich M_i für $i \in I\!N$. Es zeigt sich (vergleiche Lemma 4.20), daß dann $\bigcup_{i \in I\!N} R_i$ ein Strong Complexity Core von L bezüglich $\mathcal{C}$ ist.

Definition 4.17 *Sei $L \subseteq \Sigma^*$. Sei M eine endliche Menge von Sprachen. Eine endliche, nichtleere Menge $R \subseteq \Sigma^*$ heißt* Minicore *von L bezüglich M, wenn für alle $C \in M$ eine der folgenden Bedingungen erfüllt ist:*

1. $C \cap R = \emptyset$,

2. $C \cap R \cap L \neq \emptyset$ und $C \cap R \cap \overline{L} \neq \emptyset$.

Wir geben zunächst einige, einfach beweisbare Eigenschaften von Minicores an.

Lemma 4.18 *Sei $\mathcal{C}$ eine Klasse von Sprachen und $L \notin \mathcal{C}$ eine Sprache.*

1. *Seien $R, M_1, M_2 \subseteq \Sigma^*$ endliche Mengen. Gilt $M_1 \subseteq M_2 \subseteq \mathcal{C}$ und ist R ein Minicore von L bezüglich M_2, so ist R auch ein Minicore von L bezüglich M_1.*

2. *Seien $C \in \mathcal{C}$, $M \subseteq \mathcal{C}$ eine endliche Menge und R ein Minicore von L bezüglich M, und seien $x, y \in \Sigma^*$. Gilt $x \in C \cap L$ und $y \in C \cap \overline{L}$, und gilt für alle $D \in M$ entweder $D \cap R \neq \emptyset$ oder $\chi_D(x) = \chi_D(y)$, so ist $R \cup \{x, y\}$ ein Minicore von L bezüglich $M \cup \{C\}$.*

3. Ist $M \subseteq C$ eine endliche Menge und sind $R_1, R_2 \subseteq \Sigma^*$ zwei Minicores von L bezüglich M, dann ist auch $R_3 = R_1 \cup R_2$ ein Minicore von L bezüglich M.

Zunächst müssen wir untersuchen, unter welchen Voraussetzungen solche Minicores existieren. Das nächste Lemma besagt, daß zu jeder endlichen Menge $M \subseteq C$ ein Minicore von L bezüglich M existiert, wenn es ein Strong Complexity Core von L bezüglich C gibt.

Satz 4.19 *Seien $N \in \mathbb{N}_0$, $\{x_i\}_{i \in \mathbb{N}_0}$ eine wiederholungsfreie Aufzählung von Σ^*, C eine unter endlicher Variation abgeschlossene Klasse von Sprachen, $L \notin C$ eine Sprache und S ein Strong Complexity Core von L bezüglich C. Sei weiter $M \subseteq C$ eine endliche Menge. Dann gibt es eine endliche Menge $R \subseteq S \setminus \{x_n : n \leq N\}$, die ein Minicore von L bezüglich M ist.*

Beweis: Sei $H, C \subseteq \Sigma^*$. Wir setzen $\mathcal{A}_C^H = C \cap H \cap L$ und $\mathcal{B}_C^H = C \cap H \cap \overline{L}$.

Behauptung 1:
Für alle $C \in M$ gilt eine der beiden folgenden Aussagen:

1. $|\mathcal{A}_C^S| < \infty$ und $|\mathcal{B}_C^S| < \infty$,

2. $|\mathcal{A}_C^S| = \infty$ und $|\mathcal{B}_C^S| = \infty$.

Zum Beweis dieser Behauptung nehmen wir ohne Beschränkung der Allgemeinheit an, daß es ein $C \in C$ gibt mit $|\mathcal{A}_C^S| < \infty$ und $|\mathcal{B}_C^S| = \infty$. Dann betrachten wir $C' = C \setminus \mathcal{A}_C^S$. Da C unter endlicher Variation abgeschlossen ist, ist $C' \in C$. Weiterhin gilt $C' \cap S \cap L = \emptyset$ und

$$|C' \cap S \cap \overline{L}| = |C \cap S \cap \overline{L}| = \infty.$$

Also ist S kein Strong Complexity Core von L bezüglich C. Dies ist ein Widerspruch zur Voraussetzung. Damit ist Behauptung 1 bewiesen.

Setze

$$T = \{x_n : n \leq N\} \cup \bigcup_{\substack{C \in M \\ |\mathcal{A}_C^S| < \infty}} \mathcal{A}_C^S \cup \bigcup_{\substack{C \in M \\ |\mathcal{B}_C^S| < \infty}} \mathcal{B}_C^S$$

und

$$S' = S \setminus T.$$

Dann ist T eine endliche Menge, und offenbar ist S' auch ein Strong Complexity Core von L bezüglich C.

Nach Wahl von S' und mittels Behauptung 1 folgt:

Behauptung 2:
Für alle $C \in M$ gilt eine der beiden Aussagen:

1. $|A_C^{S'} \cup B_C^{S'}| = 0$,

2. $|A_C^{S'}| = \infty$ und $|B_C^{S'}| = \infty$.

Sei $M' = \{C \in M : |A_C^{S'}| = \infty$ und $|B_C^{S'}| = \infty\}$. Dann gilt für alle $C \in M \setminus M'$:

$$C \cap S' = \emptyset.$$

Ist $M' \neq \emptyset$, so konstruiert man ein Minicore R wie folgt: Für alle $C \in M'$ nimmt man zwei Strings $x \in A_C^{S'}$, $y \in B_C^{S'}$ in R auf. Ist dagegen $M' = \emptyset$, so setzen wir $R = \{x_0\}$. Dabei ist x_0 das kleinste Element in S'.

Offenbar ist $R \neq \emptyset$. Man sieht folgendermaßen, daß R ein Minicore ist:

1. Fall: Ist die Menge M' nichtleer, so sei $D \in M$ beliebig gewählt. Falls $D \in M'$ gilt, gibt es $x, y \in R$ mit $(x, y) \in A_D^{S'} \times B_D^{S'}$. Somit gilt $D \cap R \cap L \neq \emptyset$ und $D \cap R \cap \overline{L} \neq \emptyset$.

Ist dagegen $D \in M \setminus M'$, so gilt nach Konstruktion für alle $x \in R$: $D \cap R = \emptyset$.

2. Fall: Ist $M' = \emptyset$, dann gilt für alle $D \in M$:

$$D \cap S' = \emptyset.$$

Somit gilt insbesondere für alle $D \in M$ die Gleichung $x_0 \notin D$, und somit ist

$$D \cap R = \emptyset. \qquad \blacksquare$$

Die Konstruktion eines Strong Complexity Cores kann nun mit Hilfe der durch das folgende Lemma beschriebenen, lokalen Bestimmung von Minicores durchgeführt werden:

Lemma 4.20 *Sei C eine normale Klasse von Sprachen, sei $L \notin C$ eine rekursive Sprache, sei $\{M_i\}_{i \in N_0}$ eine Folge von endlichen Mengen aus C mit $M_0 = \emptyset$ und $M_{i-1} \subseteq M_i$ für alle $i \in \mathbb{N}$ und sei $\{R_i\}_{i \in \mathbb{N}}$ eine Folge von Mengen aus Σ^*, für die gilt: R_i ist ein Minicore von L bezüglich M_i für alle $i \in \mathbb{N}$.*

Falls $\bigcup_{i \in N_0} M_i = C$ gilt, ist $S = \bigcup_{i \in \mathbb{N}} R_i$ ein Strong Complexity Core von L bezüglich C.

Beweis: Angenommen, S ist kein Strong Complexity Core von L bezüglich C. Dann gibt es ohne Beschränkung der Allgemeinheit ein $D \in C$ mit $D \cap S \cap L = \emptyset$ und $|D \cap S| = \infty$. Da $\bigcup_{i \in N_0} M_i = C$ gilt, gibt es ein $i \in \mathbb{N}$ mit $D \notin M_{i-1}$ und $D \in M_i$. Nach Voraussetzung und nach Lemma 4.18 gilt für alle $j \geq i$, daß R_j ein Minicore von L bezüglich M_i ist.

Da $D \cap S \cap L = \emptyset$ gilt, folgt $D \cap R_j \cap L = \emptyset$ für alle $j \geq 1$. Für $j \geq i$ ist R_j aber ein Minicore von L bezüglich M_i. Somit ist insbesondere $D \cap R_j = \emptyset$ für alle $j \geq i$. Daher ist

$$
|D \cap S| = \left| D \cap \bigcup_{j \geq 1} R_j \right| \leq \left| D \cap \bigcup_{j=1}^{i-1} R_j \right| + \left| D \cap \bigcup_{j \geq i} R_j \right|
$$

$$
= \left| D \cap \bigcup_{j=1}^{i-1} R_j \right| < \infty.
$$

Dies ist ein Widerspruch.   ■

Wir zeigen nun, daß es Strong Complexity Cores gibt, die rekursive Sprachen sind.

Satz 4.21 *Ist C eine rekursiv aufzählbare, normale Klasse von Sprachen und ist L eine rekursive Sprache mit $L \notin C$, so gibt es ein Strong Complexity Core von L bezüglich C, das eine rekursive Sprache ist.*

Beweis: Sei $\{C_i\}_{i \in N_0}$ eine rekursive Aufzählung von C, und sei $\{x_i\}_{i \in N_0}$ eine wiederholungsfreie rekursive Aufzählung von Σ^*.

Algorithmus 4.22

BEGIN	*(1)*
Setze $S = \emptyset$; $M = \emptyset$; $n = 0$; $i = 0$;	*(2)*
LOOP FOREVER	*(3)*
Setze $M = M \cup \{C_i\}$; $T = \emptyset$;	*(4)*
REPEAT	*(5)*
Setze $T = T \cup \{x_n\}$; $n = n + 1$;	*(6)*
UNTIL es gibt ein Minicore $R \subseteq T$ von L bezüglich M	*(7)*
Sei R' das maximale Minicore von L bezüglich M mit $R' \subseteq T$;	*(8)*
Setze $S = S \cup R'$; $i = i + 1$;	*(9)*
END	*(10)*

Wir zeigen zunächst, daß die von obigem Algorithmus berechnete Menge S ein Strong Complexity Core von L bezüglich C ist:

Da nach Definition ein Minicore eine endliche, nichtleere Menge ist und nach Lemma 4.18 das maximale Minicore in Schritt (8) existiert und wohldefiniert ist, wächst jedesmal, wenn Schritt (9) durchlaufen wird, die Menge S um wenigstens ein Element. Zunächst zeigen wir, daß die Schleife von Schritt (5) bis Schritt (7) stets terminiert. Angenommen, die Schleife terminiert für einen bestimmten Wert der Variablen M nicht. Sei $N \in I\!N_0$ der Wert der Variable n, bevor die Schleife betreten wurde. Da normale Sprachklassen unter endlicher Variation abgeschlossen sind und daher nach Satz 4.15 ein Strong Complexity Core von L bezüglich C existiert, gibt es nach Satz 4.19 auch ein Minicore R von L bezüglich M mit $R \cap \{x_n : n \leq N\} = \emptyset$. Dann terminiert die Schleife aber im Widerspruch zur Annahme.

Aus Lemma 4.20 folgt, daß die unendliche konstruierte Menge S ein Strong Complexity Core von L bezüglich C ist.

Es bleibt zu zeigen, daß diese Menge S eine rekursive Sprache ist. Dazu betrachtet man den Algorithmus, der bei Eingabe $x = x_m$ mit $m \in I\!N_0$ den Algorithmus 4.22 solange simuliert, bis Schritt (9) erreicht wird und die Variable n den Wert m überschritten hat. Ist dann x_m in der durch die Variable S repräsentierten Menge, so wird 1 ausgegeben sonst 0. Bei der Simulation beachte man, daß sowohl der Test über die Existenz des Minicores in Schritt (7) als auch die Bestimmung des maximalen Minicores in Schritt (8) durch Ausprobieren aller Möglichkeiten für R bzw. R' durchgeführt werden kann.

Dieser Algorithmus erkennt offenbar S. ∎

4.2.5 Ein Hierarchiesatz für $\overline{DTime_{\mu}^{R}(T)}$

Es ist nun mittels der Ergebnisse des vorangehenden Abschnitts möglich, einen zu Satz 4.11 analogen Hierarchiesatz für Sprachklassen vom Typ $\overline{DTime_{\mu}^{R}(T)}$ mit $T \subseteq \mathcal{F}$, $\mu \in \mathcal{D}$ für ein schwaches average-case Modell R zu zeigen.

Satz 4.23 *Sei $\omega \in \Omega_R$. Sei $g \in H$ längenwachsend, sei $h \in H$ längenwachsend und voll zeitkonstruierbar und sei $f : \Sigma^* \to I\!N$, $f \in H$, $f(\cdot) \geq 2 \cdot |\cdot| + 6$, eine längenwachsende, voll zeitkonstruierbare Funktion, die g bezüglich R und ω dominiert. Gilt ferner*

$$\lim_{n \to \infty} \frac{\widehat{f}(n) \cdot \log(\widehat{f}(n))}{\widehat{h}(n)} = 0,$$

so gibt es eine Dichte $\mu \in \mathcal{D}_{\omega}$, so daß

$$\overline{DTime_{\mu}^{R}(\{g\})} \subseteq \overline{DTime_{\mu}^{R}(\{f\})} \subseteq \overline{DTime_{\mu}^{R}(\{h\})}$$

aber

$$\overline{DTime_{\mu}^{R}(\{g\})} \neq \overline{DTime_{\mu}^{R}(\{h\})}$$

gilt.

Beweis: Der Beweis dieses Satzes verläuft ähnlich dem Beweis von Satz 4.11. Sei

$$L \in DTime(\{\widehat{h}\}) \setminus DTime(\{\widehat{f}\}).$$

Es genügt die folgende Behauptung zu zeigen:

Behauptung:
Es gibt eine Dichte $\mu \in \mathcal{D}_\omega$, so daß alle deterministischen Turingmaschinen M mit

$$L(M) \cap \mathcal{SUP}(\mu) = L \cap \mathcal{SUP}(\mu)$$

auf fast allen Eingaben $x \in \mathcal{SUP}(\mu)$ mehr als $f(x)$ Schritte machen.

Wir beweisen nun die Behauptung: Sei $\mathcal{C} = DTime(O(\widehat{f}))$. Nach dem Beschleunigungssatz 4.3 gilt dann $\mathcal{C} = DTime(\{\widehat{f}\})$. Also ist $L \notin \mathcal{C}$.

Man sieht leicht, daß $\mathcal{C}$ eine normale Sprachklasse ist. Aus Satz 4.15 folgt damit die Existenz eines Strong Complexity Cores S von L bezüglich $\mathcal{C}$. Wir setzen

$$\mu(x) = \left\{ \begin{array}{ll} \frac{c \cdot \omega(|x|)}{|S \cap \Sigma^{|x|}|} & \text{falls } x \in S, \\ 0 & \text{sonst,} \end{array} \right.$$

wobei $c > 0$ die Normierungskonstante ist.

Nach Voraussetzung ist

$$L \in DTime(\{\widehat{h}\}),$$

und somit gilt:

$$L \in \overline{DTime_\mu^R(\{h\})}.$$

Da S ein Strong Complexity Core von L bezüglich $\mathcal{C} = DTime(O(f))$ ist, R schwach antisymmetrisch bezüglich ω ist und $\mathcal{SUP}(\mu) = S$ gilt, folgt

$$L \notin \overline{DTime_\mu^R(\{g\})}.$$

Damit ist der Satz bewiesen.   ∎

4.3 Beziehungen zwischen Komplexitätsmaßen

Wir betrachten wiederum nur schwache average-case Modelle $R = (H, V)$. Da jede Turingmaschine maximal soviele Bandeinheiten benutzt, wie sie Schritte in einer Berechnung macht, gilt infolge der Verträglichkeit und infolge der schwachen Transitivität der folgende Satz, der aussagt, daß auch im Modell R Berechnungen, die im Mittel Zeit g benötigen, auch nur mittleren Platz g verbrauchen. Man beachte, daß an dieser Stelle deutlich wird, daß das Verträglichkeitsaxiom und das schwache Transitivitätsaxiom wichtige Forderungen an "sinnvolle" Vergleichsmodelle sind.

Satz 4.24 *Für alle $g \in H$ und alle $\mu \in \mathcal{D}$ gilt*

$$DTime_\mu^R(\{g\}) \subseteq DSpace_\mu^R(\{g\})$$

und

$$NTime_\mu^R(\{g\}) \subseteq NSpace_\mu^R(\{g\}).$$

Auch die Monotonie bezüglich Komposition stellt eine wichtige Anforderung an schwache average-case Modelle dar, wie der folgende Satz zeigt. Zu seinem Beweis benötigen wir offensichtlich diese Eigenschaft.

Satz 4.25 *Sei $g \in H$ mit $g(x) \geq \log_2(|x| + 1)$ für alle $x \in \Sigma^*$, und sei $\mu \in \mathcal{D}$. Dann gilt für alle*

$$L \in DSpace_\mu^R(\{g\}),$$

daß es eine von L und R abhängige Konstante $c > 0$ gibt, so daß

$$L \in DTime_\mu^R(\{2^{c \cdot g}\})$$

gilt.

Beweis: Sei $L \in DSpace_\mu^R(\{g\})$, und akzeptiere die deterministische k-Band Turingmaschine M_1 die Sprache L in Platz $s : \Sigma^* \to I\!N_0$. Da M_1 deterministisch ist, ist die Zahl der möglichen Konfigurationen, die M_1 während einer Berechnung bei Eingabe x annehmen kann, durch

$$c_1 \cdot (|x| + 2) \cdot (s(x))^k \cdot c_2^{k \cdot s(x)} \leq 2^{k' \cdot \max\{s(x), \log_2(|x|+1)\}}$$

begrenzt. Dabei ist c_1 die Zahl der Zustände von M_1, c_2 die Zahl der Bandsymbole der Maschine und k' eine geeignete Konstante. Das Produkt auf der linken Seite der Ungleichung setzt sich folgendermaßen zusammen: Eine Konfiguration wird eindeutig bestimmt durch den Zustand der Turingmaschine, durch die Stellung des Lesekopfes auf dem Read-only Eingabeband, durch die Stellungen der Bandköpfe auf den Arbeitsbändern und durch den Inhalt der Arbeitsbänder. Gemäß der Wahl des von uns benutzten Turingmaschinen-Modells (Abschnitt 3.5) benutzt der Lesekopf auf dem Eingabeband nur die $|x| + 1$ Bandeinheiten der Eingabe und des nächsten leeren Bandfeldes hinter der Eingabe. Da nur $s(x)$ Bandeinheiten auf den Arbeitsbändern verwendet werden können, gibt es nur $(s(x))^k$ viele Kombinationen für die Stellungen der Bandköpfe. Hat das Alphabet c_2 Symbole (einschließlich eines *Blanksymbols* ”#”, das ein leeres Bandfeld darstellt), so gibt es $c_2^{k \cdot s(x)}$ mögliche Inhalte der Arbeitsbänder. Aus dem Produkt dieser Werte ergibt sich die Zahl möglicher Konfigurationen bei Eingabe x.

Die deterministische Turingmaschine M_2 simuliert jeweils einen Schritt von M_1, notiert die neue Konfiguration I' und untersucht alle zuvor angenommenen Konfigurationen daraufhin, ob I' bereits angenommen wurde. In diesem Fall akzeptiert M_1 nie, da sie sich in einer Endlosschleife befindet. Andernfalls simuliert M_2 den nächsten Schritt. Da sich nach maximal

$$2^{O(\max\{s(x),\log_2(|x|+1)\})}$$

simulierten Schritten Konfigurationen wiederholen, benötigt die gesamte Berechnung durch die Maschine M_2

$$2^{O(\max\{s(x),\log_2(|x|+1)\})}$$

mal die maximalen Kosten der Simulation eines Schrittes von M_1.

Die Simulation eines solchen Schrittes kostet erstens Zeit, um die neue Konfiguration I' von M_1 zu bestimmen und zu notieren, und zweitens muß Zeit aufgewendet werden, um zu testen, ob I' bereits zuvor aufgetreten ist.

Beide Aufgaben können offenbar in Zeit

$$2^{c\cdot\max\{s(x),\log_2(|x|+1)\}}$$

durchgeführt werden für ein geeignetes $c > 0$. Ist $s \leq_\mu^R g$, dann folgt gemäß der Verträglichkeit, der Monotonie bezüglich Addition und bezüglich Komposition, daß

$$\max\{s(\cdot),\log_2(|\cdot|+1)\} \leq_\mu^R 2\cdot c_R\cdot g(\cdot),$$

wobei c_R die in der Definition 2.23 eingeführte, zu R gehörende Konstante ist. Damit gilt

$$2^{c\cdot\max\{s(\cdot),\log_2(|\cdot|+1)\}} \leq_\mu^R 2^{2\cdot c_R\cdot c\cdot g(\cdot)}. \qquad\blacksquare$$

Ebenso zeigt man den folgenden Satz:

Satz 4.26 *Sei $g \in H$ mit $g(x) \geq \log_2(|x|+1)$ für alle $x \in \Sigma^*$, und sei $\mu \in \mathcal{D}$. Dann gilt für alle*

$$L \in NTime_\mu^R(\{g\}),$$

daß es eine von L und R abhängige Konstante $c > 0$ gibt, so daß

$$L \in DTime_\mu^R(\{2^{c\cdot g}\})$$

gilt.

4.4 Der Satz von Savitch

Wenn wir die Definitionen aus Abschnitt 3.5 zugrunde legen, können wir auch den wichtigen Satz von Savitch auf schwache average-case Modelle übertragen. Da die Aussage des Satzes 4.27 für den Beweis von Satz 4.28 nicht genügt, beweisen wir mit Satz 4.29 eine allgemeinere Version des Satzes von Savitch.

Folgende Version des Satzes von Savitch findet sich in [19]:

Satz 4.27 (Satz von Savitch) *Sei $s : \Sigma^* \to I\!N$ eine Funktion mit $s(x) = s(y)$, falls $|x| = |y|$, und $s(x) \geq \log_2(|x|+1)$ für alle $x \in \Sigma^*$. Wird L von einer nichtdeterministischen Turingmaschine in Platz s akzeptiert und ist s voll platzkonstruierbar, so gibt es eine deterministische Turingmaschine, die L in Platz s^2 akzeptiert.*

Ziel der nachstehenden Untersuchungen ist es, folgenden Satz zu beweisen:

Satz 4.28 *Sei $s : \Sigma^* \to I\!N$ eine Funktion mit $s(x) \geq \log_2(|x| + 1)$ für alle $x \in \Sigma^*$. Dann gilt für alle $\mu \in \mathcal{D}$*

$$NSpace^R_\mu(\{s\}) \subseteq DSpace^R_\mu(\{s^2\}).$$

Gegeben eine Sprache $L \in NSpace^R_\mu(\{s\})$, dann gibt es eine nichtdeterministische Turingmaschine M, die L in Platz $p \leq^R_\mu s$ akzeptiert. Um jetzt den Satz von Savitch anwenden zu können, müßte bekannt sein, ob p voll platzkonstruierbar ist oder ob es eine Funktion $p' \geq p$ gibt, die voll platzkonstruierbar ist und für die $p' \leq^R_\mu s$ gilt. Diese Eigenschaft kann aber in der Regel nicht vorausgesetzt werden, denn abhängig von R gibt es sicher auch Funktionen $p \leq^R_\mu s$, für die an unendlich vielen Strings $x \in \Sigma^*$ gilt:

$$p(x) > s(x).$$

Somit gelingt es nicht, Satz 4.27 anzuwenden, sogar dann nicht, wenn wir zusätzlich voraussetzen, daß s voll platzkonstruierbar ist.

Genau betrachtet, stört die Voraussetzung, daß s voll platzkonstruierbar sein muß, im Satz von Savitch. Wir zeigen daher, daß diese Voraussetzung nicht benötigt wird, wenn wir die Definitionen aus Abschnitt 3.5 unseren Untersuchungen zugrunde legen.

Dort haben wir definiert, daß eine nichtdeterministische Turingmaschine M genau dann s-platzbeschränkt ist, wenn für alle $x \in \Sigma^*$ und alle möglichen Konfigurationenfolgen von M bei Eingabe x gilt, daß höchstens $s(x)$ Bandeinheiten auf jedem Arbeitsband verwendet werden. Dies entspricht der Definition in [19].

Satz 4.29 (Satz von Savitch, 2. Version) *Sei $s : \Sigma^* \to I\!N$ eine Funktion mit $s(x) = s(y)$, falls $|x| = |y|$, und $s(x) \geq \log_2(|x| + 1)$ für alle $x \in \Sigma^*$. Wird L von einer nichtdeterministischen Turingmaschine in Platz s akzeptiert, so gibt es eine deterministische Turingmaschine, die L in Platz s^2 akzeptiert.*

Beweis: Der Beweis beruht auf einer Modifikation des Beweises zum Satz 4.27. Sei M eine nichtdeterministische Turingmaschine, die L in Platz s akzeptiert.

Es gibt nur $2^{c \cdot s(x)}$ Konfigurationen, die M bei Eingabe x annehmen kann, dabei ist $c > 0$ eine geeignete Konstante, die von M abhängt. Diese Beobachtung haben wir bereits im Beweis von Satz 4.25 gemacht.

Wir geben nun einen Algorithmus an, der L in Platz $O(s^2)$ akzeptiert:

Algorithmus 4.30

BEGIN	*(1)*
Sei I_0 die Startkonfiguration von M bei Eingabe x;	*(2)*
Setze $w = 1$; $ende = false$; $nextw = false$;	*(3)*
REPEAT	*(4)*
FORALL akzeptierende Haltekonfigurationen I' mit Bandbedarf von maximal w Bandeinheiten	*(5)*
IF $Test(I_0, I', w, c \cdot w) = true$	*(6)*
THEN Setze $accept = true$; $ende = true$;	*(7)*
IF $ende = false$	*(8)*
THEN FORALL Nichthaltekonfigurationen I' mit Bandbedarf von genau $w + 1$ Bandeinheiten	*(9)*
IF $Test(I_0, I', w, c \cdot w) = true$	*(10)*
THEN $nextw = true$;	*(11)*
IF $nextw = true$	*(12)*
THEN $w = w + 1$; $nextw = false$;	*(13)*
ELSE $ende = true$;	*(14)*
UNTIL $ende = true$;	*(15)*
IF $accept = true$	*(16)*
THEN RETURN 1;	*(17)*
ELSE RETURN 0;	*(18)*
END	*(19)*

Algorithmus 4.31

PROCEDURE Test(I_1,I_2,p,i)		*(1)*
BEGIN		*(2)*
IF es gilt $i = 0$ und entweder ist $I_1 = I_2$ oder $I_1 \vdash I_2$		*(3)*
THEN	*RETURN true;*	*(4)*
IF $i \geq 1$		*(5)*
THEN	*FORALL Nichthaltekonfigurationen I' mit maximalem Bandbedarf p*	*(6)*
	IF Test(I_1,I',p,$i-1$)= true und Test(I',I_2,p,$i-1$)= true	*(7)*
	THEN RETURN true;	*(8)*
RETURN false;		*(9)*
END Test		*(10)*

Zunächst führen wir eine Schreibweise ein, die wir im obigen Struktogramm bereits verwendet haben:

Wir schreiben $I_1 \vdash_k I_2$, wenn es eine Folge von genau k Übergängen von I_1 nach I_2 gibt, und $I_1 \vdash_1 I_2$ oder $I_1 \vdash I_2$, wenn es einen Übergang von I_1 nach I_2 gibt.

Behauptung 1:
Ein Aufruf der Prozedur Test der Form

$$Test(I_1, I_2, p, i)$$

terminiert stets und liefert genau dann true, wenn es eine Übergangsfolge von I_1 nach I_2 gibt, die maximal 2^i Übergänge lang ist und während der keine Konfiguration auftritt, in der mehr als p Bandeinheiten verwendet werden.

Dies kann man leicht durch Induktion über i beweisen:

Wenn es eine derartige Übergangsfolge tatsächlich gibt, gibt es für die rekursiven Aufrufe von Test jeweils eine entsprechende Wahl für die Variable I'. Ist die Übergangsfolge nicht genau 2^i Schritte lang, so werden entsprechende viele Aufrufe der Form

$$Test(I', I', p, j)$$

nötig sein. Auf jeden Fall terminiert der Aufruf Test(I_1, I_2, p, i), und es wird *true* ausgegeben.

Betrachten wir umgekehrt einen Aufruf der Form

$$\text{Test}(I_1, I_2, p, i).$$

Ist $i = 0$, so terminiert die Prozedur in jedem Fall, und es wird *true* genau dann ausgegeben, wenn $I_1 = I_2$ oder $I_1 \vdash I_2$ gilt. Das heißt, daß genau dann *true* ausgegeben wird, wenn es eine Übergangsfolge von I_1 nach I_2 der maximalen Länge $2^0 = 1$ gibt und wenn in den Zwischenkonfigurationen nie mehr als p Bandeinheiten maximal verwendet werden.

Ist $i \geq 1$, so terminiert der Prozeduraufruf spätestens dann, wenn alle Prozeduraufrufe der Form $\text{Test}(I_1, I', p, i-1)$ und $\text{Test}(I', I_2, p, i-1)$ für alle Konfigurationen I', die maximal p Bandeinheiten verwenden, abgearbeitet worden sind und jeweils selbst beendet sind. Nach der Induktionsvoraussetzung trifft dies aber immer zu. Darüber hinaus gibt die Prozedur genau dann der Wert *true* zurück, wenn es eine solche Konfiguration I' gibt mit

$$\text{Test}(I_1, I', p, i-1) = true$$

und

$$\text{Test}(I', I_2, p, i-1) = true.$$

Nach Induktionsvoraussetzung gilt dann

$$I_1 \vdash_{2^{i-1}} I' \vdash_{2^{i-1}} I_2,$$

wobei in keiner Zwischenkonfiguration mehr als p Bandeinheiten benutzt werden. Somit gilt

$$I_1 \vdash_{2^i} I_2,$$

und damit ist Behauptung 1 bewiesen.

Behauptung 2:
Der Algorithmus akzeptiert die Sprache L.

Der Bandbedarf für nichtdeterministische Turingmaschinen bei einer Eingabe x ist definiert als die maximal benötigte Zahl von benutzten Bandeinheiten auf einem der Bänder der Turingmaschine in einer Konfiguration, die von der Startkonfiguration aus *erreichbar* ist. *Erreichbar* ist eine Konfiguration I_2 aus einer Konfiguration I_1 genau dann, wenn es eine endliche Folge von Übergängen von I_1 nach I_2 gibt.

Der Rumpf des Algorithmus besteht nun darin, solange den Wert der Variablen w zu erhöhen, bis entweder eine von der Startkonfiguration aus erreichbare akzeptierende Haltekonfiguration mit einem Platzbedarf von w Bandeinheiten gibt oder es keine aus der Startkonfiguration aus erreichbaren Konfigurationen mit einem Platzbedarf von $w+1$ Bandeinheiten gibt. Man sieht leicht ein, daß es im letzteren Fall auch keine erreichbaren Konfigurationen mit Platzbedarf von mehr als $w+1$ Bandeinheiten gibt. Der Test, ob dies erfüllt ist, wird rekursiv mit Hilfe der Prozedur Test ausgeführt. Gibt es eine aus der Startkonfiguration erreichbare Haltekonfiguration mit Platzbedarf von w Bandeinheiten, so akzeptiert die nichtdeterministische Turingmaschine M, es gilt $w \leq s(x)$ und auch der obige Algorithmus akzeptiert.

Somit ist die maximale Rekursionstiefe der Berechnung $s(x)$.

Wenn es eine erreichbare Konfiguration I' mit Platzbedarf $w+1$ gibt, dann gibt es eine Berechnung, die höchstens w Bandeinheiten benutzt und die zu I' führt. Insbesondere gibt es dann auch eine solche, die höchstens $2^{c \cdot w}$ Übergänge benutzt. Also gilt $\mathrm{Test}(I_0, I', w, c \cdot w) = \mathit{true}$.

Der Algorithmus bricht nur dann ab, wenn die Variable *ende* den Wert *true* annimmt. Dies ist aber nur dann der Fall, wenn entweder eine akzeptierende Haltekonfiguration mit maximalem Bandbedarf von w Bandeinheiten pro Arbeitsband gefunden wurde oder wenn in allen Schleifendurchläufen der Schleife (9) bis (11) keine erreichbare Konfiguration mit Bandbedarf von genau $w+1$ Bandeinheiten gefunden wurde. Im ersten Fall wird 1 ausgegeben, im zweiten Fall 0, denn offenbar ist in diesem Fall w der maximale Bandbedarf bei der Berechnung von M bei Eingabe x und es gibt keine akzeptierende Haltekonfiguration mit maximaler Bandbelegung von w Bandeinheiten pro Arbeitsband.

Damit ist die Behauptung, daß der Algorithmus $\chi_L(x)$ liefert, bewiesen.

Behauptung 3:
Der obige Algorithmus benötigt maximal $O(s^2)$ Bandeinheiten.

Im wesentlichen wird nur Platz zum Speichern der Variablenwerte des aktuellen Aufrufs der Prozedur Test benötigt, bevor rekursiv die Prozedur Test wieder aufgerufen wird. Da die Rekursionstiefe bei Eingabe x durch $s(x)$ beschränkt ist und zum Speichern der Variablenwerte, wie wir unten zeigen werden, $O(s(x))$ Platz nötig ist, ist damit der Platzbedarf durch $O(s^2)$ beschränkt. Wir zeigen diese Behauptung im folgenden genauer:

Sei $sp(i, p)$ der maximale Platzbedarf der Prozedur Test beim Aufruf $\mathrm{Test}(I_1, I_2, p, i)$, wobei I_1, I_2 irgendwelche Konfigurationen sind. Sei d die Anzahl der Zustände der Maschine. Wir zeigen durch Induktion, daß der Aufruf $\mathrm{Test}(I_1, I_2, p, i)$ einen maximalen Platzbedarf von

$$sp(i, p) = c \cdot \max\{(2 \cdot k + 1) \cdot p, \log_2(|x| + 2), \log_2(i), 3 + d\} \cdot i$$

für eine Konstante $c \geq 4$ hat. Man beachte dabei, daß wir den Platz zum Speichern von I_1 und I_2 hier nicht dazurechnen.

Für $i = 0$ ist $sp(0, p)$ konstant, da der Test, ob $I_1 = I_2$ oder $I_1 \vdash I_2$ gilt, in konstantem Platz mit Hilfe der Übergangstabelle der Maschine M durchgeführt werden kann.

Sei $i \geq 1$, dann wird Platz für folgende Aufgaben benötigt:

1. Speichern von Kontrollinformationen über das gerade bearbeitete I',

2. Speichern von i,

3. Speichern von p,

4. Nacheinander Berechnen von $\text{Test}(I_1, I', p, i-1)$ und $\text{Test}(I', I_2, p, i-1)$.

Da die verschiedenen Test-Aufrufe auf den gleichen Bandeinheiten durchgeführt werden können, wird für die letzte Aufgabe nur Platz $sp(i-1, p)$ benötigt. Die gerade bearbeitete Konfiguration I' besteht aus den Bandinhalten, dem Zustand und den Positionen der Bandköpfe auf den $k+1$ Bändern. Auf allen Arbeitsbändern werden maximal p Bandeinheiten und auf dem Eingabeband maximal $|x|+2$ Bandeinheiten benutzt. Da aber sowieso nur Konfigurationen verwendet werden, die auf dem Eingabeband x haben, genügt es, die Information über die Stellung des Bandkopfes für dieses Band zu speichern. Es ergibt sich folgender Platzbedarf zum Speichern der Information über I':

$$d + k \cdot p + k \cdot \lceil \log_2 p \rceil + \lceil \log_2(|x|+2) \rceil \leq 2 \cdot k \cdot p + \log_2(|x|+2) + 1 + d.$$

Dazu kommt noch der Platzbedarf zum Speichern von i und p. Damit ergibt sich

$$\begin{aligned}
sp(i,p) &\leq 2 \cdot k \cdot p + \log_2(|x|+2) + 1 + d + \log_2(i) + 1 + \log_2(p) + 1 + sp(i-1, p) \\
&\leq (2 \cdot k + 1) \cdot p + \log_2(|x|+2) + 3 + d + \log_2(i) + sp(i-1, p) \\
&\leq 4 \cdot \max\{(2 \cdot k + 1) \cdot p, \log_2(|x|+2), \log_2(i), 3+d\} + sp(i-1, p).
\end{aligned}$$

Benutzt man nun die Induktionsannahme, so folgt

$$\begin{aligned}
sp(i,p) &\leq 4 \cdot \max\{(2 \cdot k + 1) \cdot p, \log_2(|x|+2), \log_2(i), 3+d\} \\
&\quad + c \cdot \max\{(2 \cdot k + 1) \cdot p, \log_2(|x|+2), \log_2(i), 3+d\} \cdot (i-1) \\
&\leq c \cdot \max\{(2 \cdot k + 1) \cdot p, \log_2(|x|+2), \log_2(i), 3+d\} \cdot i.
\end{aligned}$$

Damit ist die Induktionsbehauptung bewiesen.

Im Hauptprogramm wird Platz zum Speichern einer festen Zahl von Kontrollbits, Platz zum Speichern der aktuellen Konfiguration I' und Platz für den Aufruf der Prozedur Test benötigt. Dabei beachte man, daß keine Konfigurationen auftreten, die mehr als $w = s(x)$ Bandeinheiten auf einem der Arbeitsbänder benutzen. Daraus ergibt sich ein Platzbedarf von

$$\begin{aligned}
&e + k \cdot \log_2(w+1) + k \cdot w + \log_2(|x|+2) + 1 + sp(c \cdot w, w) \\
\leq\ &e + k \cdot \log_2(w+1) + k \cdot w + \log_2(|x|+2) + 1 +
\end{aligned}$$

$$c \cdot \max\{(2 \cdot k + 1) \cdot w, \log_2(|x| + 2), \log_2(c \cdot w), 3 + d\} \cdot c \cdot w$$
$$\leq \; e + c \cdot \max\{(2 \cdot k + 1) \cdot w, \log_2(|x| + 2), \log_2(c \cdot w), 3 + d\} \cdot (c \cdot w + 1)$$
$$\leq \; f \cdot \max\{w, \log_2(|x| + 2)\} \cdot w$$
$$\leq \; f \cdot \max\{w, \log_2(|x| + 2)\}^2$$

für geeignete Konstanten $e, f > 1$, denn c ist eine Konstante. Gemäß dem Bandkompressionssatz 4.1 gibt es dann eine deterministische Turingmaschine, die L in Platz s^2 akzeptiert.

Daraus folgt die behauptete Aussage über den Platzbedarf des Algorithmus, und der Satz ist bewiesen. ∎

Wir können nun Satz 4.28 beweisen:

Beweis von Satz 4.28: Sei $L \in NSpace_\mu^R(\{s\})$. Dann gibt es eine nichtdeterministische Turingmaschine M_1, die L in Platz $p \in \mathcal{F}$ mit

$$p \leq_\mu^R s$$

akzeptiert. Aus Satz 4.29 ergibt sich, daß es eine deterministische Turingmaschine M_2 gibt, die L in Platz

$$\max\{p, \log_2(|\cdot| + 1)\}^2$$

akzeptiert. Damit akzeptiert M_2 die Sprache L ebenso in Platz

$$p^2 + (\log_2(|\cdot| + 1))^2.$$

Gemäß dem Bandkompressionssatz 4.1 gibt es dann auch eine deterministische Turingmaschine M_3, die L in Platz

$$\max\left\{1, \left\lceil \frac{p^2 + (\log_2(|\cdot| + 1))^2}{4 \cdot c_R^2} \right\rceil\right\} \leq \frac{p^2 + (\log_2(|\cdot| + 1))^2}{4 \cdot c_R^2} + 1$$

akzeptiert. Mit Hilfe der schwachen Monotonie bezüglich Addition, der Verträglichkeit und der Monotonie bezüglich Komposition folgt

$$\frac{p^2 + (\log_2(|\cdot| + 1))^2}{4 \cdot c_R^2} \leq_\mu^R c_R \cdot \frac{s^2 + s^2}{4 \cdot c_R^2} = \frac{1}{2 \cdot c_R} \cdot s^2,$$

und es gilt

$$\frac{p^2 + (\log_2(|\cdot| + 1))^2}{4 \cdot c_R^2} + 1 \leq_\mu^R c_R \cdot \left(\frac{1}{2 \cdot c_R} \cdot s^2 + 1\right) \leq_\mu^R s^2,$$

da $\frac{1}{2} \cdot s^2(x) + c_R \leq s^2(x)$ für fast alle $x \in \Sigma^*$ gilt. Damit ist der Satz 4.28 bewiesen. ∎

Zum Beweis des obigen Satzes ist unbedingt notwendig, daß es eine obere Schranke für den Platzbedarf aller möglichen Berechnungen der nichtdeterministischen Turingmaschine gibt. Dies wird durch die von uns verwendete Definition des Begriffs der Platzbeschränktheit bei nichtdeterministischen Turingmaschinen garantiert.

Eine ebenfalls häufig in der Literatur verwendete Definition für diesen Begriff lautet wie folgt:

Sei $s : \Sigma^* \to I\!N_0$ eine Funktion. Eine nichtdeterministische Turingmaschine akzeptiert eine Sprache L *schwach s-platzbeschränkt*, wenn für alle $x \in L$ eine akzeptierende Berechnung existiert, während der maximal $s(x)$ Bandeinheiten auf jedem Arbeitsband benutzt werden.

Der Unterschied zu der in Abschnitt 3.5 gegebenen Definition besteht darin, daß an den Platzbedarf bei Berechnungen bei Eingaben $x \notin L$ im Fall der schwachen Platzbeschränktheit keine Bedingungen gestellt werden.

Die in Satz 4.27 vorgestellte Version des Satzes von Savitch gilt ebenfalls für Sprachen L, die von einer schwach s-platzbeschränkten nichtdeterministischen Turingmaschine M akzeptiert werden. Die Version in Satz 4.29 und damit auch Satz 4.28 können wir nur für das eingeschränkte Modell aus Abschnitt 3.5 zeigen, also für Sprachen, die von einer s-platzbeschränkten nichtdeterministischen Turingmaschine akzeptiert werden.

Allerdings verliert der Satz von Savitch nicht wirklich an Aussagekraft, wenn man den eingeschränkten Platzbeschränktheits-Begriff bei nichtdeterministischen Turingmaschinen verwendet. Betrachtet man nämlich eine Sprache L, die von einer schwach s-platzbeschränkten nichtdeterministischen Turingmaschine M_1 akzeptiert wird, wobei s voll platzkonstruierbar ist (vergleiche die Voraussetzungen von Satz 4.27), dann wird L auch von einer s-platzbeschränkten nichtdeterministischen Turingmaschine M_2 akzeptiert. Die Turingmaschine M_2 berechnet nämlich bei Eingabe x den Wert $s(x)$ und markiert auf allen Arbeitsbändern die ersten $s(x)$ Bandfelder. Dann rechnet M_2 wie M_1. Immer wenn sie dabei auf einem Arbeitsband diese markierten Bandeinheiten zu überschreiten droht, gibt M_2 den Wert 0 aus und stoppt. Tritt dieser Fall nicht ein, so wird genau die Berechnung von M_1 durchgeführt.

4.5   Verhältnis zur worst-case Theorie

Eine in der Literatur für das Levinsche Modell (Seite 24) diskutierte Frage ist: Sind alle NP-Sprachen L bezüglich aller in P-Zeit approximierbaren Dichten in mittlerer P-Zeit deterministisch berechenbar, d.h. gilt für $D = Vapprox(Pol, \mathcal{F})$

$$NP \subseteq DTime_D^{\mathcal{L}}(Pol)?$$

Diese Frage hat zum Beispiel in der Kryptographie praktische Bedeutung.

Da sich diese Frage zur Zeit genauso wenig beantworten läßt wie die Frage, ob $P = NP$ gilt, versucht man, das Problem auf die Fragestellung $P = NP$ zu reduzieren. Dies war bisher im Levinschen Modell nicht möglich. In [39] wird jedoch gezeigt, daß aus $NP \subseteq DTime_D^{\mathcal{C}}(Pol)$ mit $D = Vapprox(Pol, \mathcal{F})$ im Levinschen Modell folgt, daß $DExpTime = NExpTime$ in der worst-case Komplexitätstheorie gilt. Wir zeigen im folgenden, daß diese Beziehung für eine Reihe von schwachen average-case Modellen gilt. Dabei verallgemeinern wir zum Beweis von Satz 4.33 die Technik des entsprechenden Beweises in [39].

Wir setzen

$$AverageP^R = DTime_D^R(Pol)$$

mit $D = Vapprox(Pol, \mathcal{F})$.

Lemma 4.32 *Sei $R = (H, V)$ ein schwaches average-case Modell, das die polynomielle Dominanzeigenschaft hat und zu dem es ein $\omega \in \Omega_R$ derart gibt, daß es zu allen $p \in Pol$ eine Funktion $f \in Pol \cap H$ gibt, die p bezüglich R und ω dominiert. Sei $g \in \mathcal{F}$. Sei $c > 0$ und $\gamma \in \mathcal{D}$ eine Dichte mit*

$$\gamma(x) \geq \frac{1}{|x|^c} \ \text{oder} \ \gamma(x) = 0$$

für alle $x \in \Sigma^*$. Falls es ein $r \in I\!N$ mit

$$g \leq_\gamma^R |\cdot|^r$$

gibt, so gibt es ein $t > 0$ mit $g \leq_{SUP(\gamma)} |\cdot|^t$, d.h. g ist polynomiell beschränkt auf $SUP(\gamma)$.

Beweis: Nach Voraussetzung gibt es ein $\omega \in \Omega_R$, so daß zu allen $p \in Pol$ ein $f \in Pol \cap H$ existiert, das p bezüglich R und ω dominiert.

Falls die Funktion g nicht polynomiell beschränkt ist, gibt es eine unendliche Folge $\{x_i\}_{i \in I\!N}$ von Elementen $x_i \in SUP(\gamma)$ wachsender Länge, so daß $g(x_i) > |x_i|^i$ gilt. Setze nun

$$\mu(x) = \begin{cases} d \cdot \omega(|x_i|) & \text{falls } x = x_i, i \in I\!N, \\ 0 & \text{sonst,} \end{cases}$$

wobei d die Normierungskonstante und ω obige Dichte auf $I\!N_0$ ist.

Sei $g \leq_\gamma^R |\cdot|^r$ für ein $r > 0$. Alle Dichten τ mit $SUP(\tau) \subseteq SUP(\gamma)$ werden von γ polynomiell begrenzt, denn nach Voraussetzung gilt für alle $x \in \Sigma^*$:

$$|x|^c \cdot \gamma(x) = 0 \ \text{oder} \ |x|^c \cdot \gamma(x) \geq 1.$$

Daher ist für alle x mit $\tau(x) > 0$ auch $\gamma(x) > 0$, und es gilt

$$\tau(x) \leq 1 \leq |x|^c \cdot \gamma(x).$$

Ebenso gilt für alle x mit $\tau(x) = 0$ diese Ungleichung. Daraus folgt, daß γ die Dichte τ polynomiell begrenzt.

Da darüber hinaus R die Eigenschaft der polynomiellen Dominanz hat und $g \leq^R_\gamma |\cdot|^r$ gilt, folgt, daß es insbesondere zu μ ein $s \geq 1$ gibt mit

$$g \leq^R_\mu |\cdot|^s. \tag{4.4}$$

Nach Wahl von ω wird $|\cdot|^s$ von einer Funktion $|\cdot|^{s'} \in H$ bezüglich R und ω dominiert, d.h. es gilt

$$|\cdot|^{s'} \not\leq^R_\mu |\cdot|^s,$$

da $\mu \in \mathcal{D}_\omega$ gilt.

Da ferner $|\cdot|^{s'} \leq_{\mathcal{SUP}(\mu)} g$ gilt, folgt nach Lemma 2.24, daß

$$g \not\leq^R_\mu |\cdot|^s$$

gilt.

Dies ist ein Widerspruch zu Ungleichung (4.4). Daher ist g polynomiell beschränkt auf $\mathcal{SUP}(\gamma)$. ∎

Wir kommen nun zu dem angekündigten Satz über den Zusammenhang zwischen worst-case und average-case Theorie.

Satz 4.33 *Sei $R = (H, V)$ ein schwaches average-case Modell, das die polynomielle Dominanzeigenschaft hat, und zu der es ein $\omega \in \Omega_R$ derart gibt, daß es zu allen $g \in Pol$ eine Funktion $f \in Pol \cap H$ gibt, die g bezüglich R und ω dominiert.*

Ist

$$NP \subseteq AverageP^R,$$

dann ist

$$DExpTime = NExpTime.$$

Beweis: Sei $L \in NExpTime$, M eine nichtdeterministische Turingmaschine, die L in Zeit $2^{s \cdot |\cdot|}$ für ein $s \in I\!N$ akzeptiert, und φ die Standardaufzählung von $\Sigma^* = \{0,1\}^*$. Setze

$$T = \{1^n : n = \varphi(x), x \in L\}$$

und

$$\gamma(x) = \begin{cases} \frac{c}{n^2} & \text{für } x = 1^n, n \in I\!N, \\ 0 & \text{sonst.} \end{cases}$$

Dabei ist c die Normierungskonstante. Dann ist $\gamma \in Vapprox(Pol, \mathcal{F})$ und $T \in NP$, denn folgende nichtdeterministische Turingmaschine M' akzeptiert T: Bei einer Eingabe $y \notin \{1\}^*$ wird 0 ausgegeben, da offenbar $y \notin T$ gilt. Andernfalls ist $y = 1^k$ für

$k = |y|$, und es wird $x = \varphi^{-1}(k)$ berechnet. Nach Definition der Standardaufzählung φ von Σ^* gilt für $x \in \Sigma^*$

$$2^{|x|+1} - 2 \geq \varphi(x) \geq 2^{|x|} - 1.$$

Daher folgt

$$|y| \geq 2^{|x|} - 1.$$

Da φ^{-1} in P-Zeit berechnet werden kann, gibt es ein $t \in I\!N$, so daß zum Berechnen von $\varphi^{-1}(|y|)$ maximal $|y|^t + t$ Schritte nötig sind.

Nach der Berechnung von x wird ein akzeptierender Berechnungspfad der Maschine M bei Eingabe von x geraten und verifiziert, wenn ein solcher existiert. Dazu sind nach Voraussetzung $O(2^{s \cdot |x|}) = O(|y|^{2 \cdot s})$ Schritte nötig. Somit ist M' eine nichtdeterministische Turingmaschine mit polynomiell beschränkter Laufzeit. Da $T \in NP$ gilt, gibt es nach Voraussetzung eine deterministische Turingmaschine E mit Laufzeit $t \in Pol_\gamma^R$, die T akzeptiert. Gemäß dem vorangegangenen Lemma ist dann t polynomiell beschränkt auf $\mathcal{SUP}(\gamma)$, d.h. es gibt ein $r > 0$, so daß

$$t \leq_{\mathcal{SUP}(\gamma)} |\cdot|^r$$

gilt. Folgende deterministische Turingmaschine A entscheidet dann L in exponentieller Zeit: Bei Eingabe x berechnet A den Wert $\varphi(x)$ und startet die Maschine E mit der Eingabe $1^{\varphi(x)}$. Offensichtlich akzeptiert A eine Eingabe x genau dann, wenn $1^{\varphi(x)} \in T$ gilt. Dies ist aber genau dann der Fall, wenn $x \in L$ gilt. Da $1^{\varphi(x)} \in \mathcal{SUP}(\gamma)$ gilt, folgt für alle $x \in \Sigma^*$

$$t(1^{\varphi(x)}) \leq \varphi(x)^r \leq \left(2^{|x|+1}\right)^r = 2^{O(|x|)}.$$

Damit ist die gesamte Laufzeit zum Erkennen von L exponentiell beschränkt. Daraus folgt die Behauptung. ∎

Korollar 4.34 *Ist R das erweiterte Levinsche (Seite 43), das PolySum2- (Seite 50) oder das $\mathcal{FU}$-Modell (Seite 28), so gilt:*

Ist

$$NP \subseteq AverageP^R,$$

dann ist

$$DExpTime = NExpTime.$$

Beweis: Mit Hilfe der im ersten und zweiten Kapitel gezeigten Sätze über die Eigenschaften dieser average-case Modelle (vergleiche Satz 2.37, Satz 2.26, Lemma 2.34 und Satz 3.11), läßt sich zeigen, daß die Bedingungen an R im obigen Satz für diese average-case Modelle erfüllt sind. ∎

Kapitel 5

Vollständigkeitstheorie

In Anlehnung an das aus der klassischen Komplexitätstheorie bekannte Problem, ob die Sprachklassen NP und P übereinstimmen, stellt sich in jedem schwachen average-case Modell die Frage, ob es eine NP-Sprache und eine Dichte gibt, so daß diese Sprache *nicht* durch eine deterministische Turingmaschine in mittlerer polynomieller Zeit bezüglich dieser Dichte und diesem schwachen average-case Modell erkannt werden kann. Eine positive Antwort auf diese Frage in irgendeinem schwachen average-case Modell würde (wegen der Verträglichkeitseigenschaft) bedeuten, daß $NP \neq P$ gilt.

In der klassischen Komplexitätstheorie ist es gelungen, Sprachen $L \in NP$ zu finden, für die $L \in P$ genau dann gilt, wenn $P = NP$ gilt, nämlich die NP-vollständigen Sprachen. Daher liegt es nahe, eine solche Vollständigkeitstheorie auch für schwache average-case Modelle zu entwickeln.

Im Levinschen Modell wurde untersucht, ob es eine NP-Sprache L und eine Dichte μ aus einer gegebenen Menge $D \subseteq \mathcal{D}$ gibt, so daß das Paar (L, μ) nur dann in mittlerer P-Zeit lösbar ist, wenn alle Paare (L', γ) mit $L' \in NP$ und $\gamma \in D$ in mittlerer P-Zeit lösbar sind. In [26] zeigt L. Levin, daß es *vollständige* Probleme in $DistNP$ gibt. Dabei ist $DistNP$ die Menge der Paaren (L, μ), wobei $L \in NP$ und μ eine Dichte ist, deren zugehörige Verteilung in P-Zeit berechenbar ist.

Wir zeigen im folgenden ähnliche Resultate, die nicht nur für das Levinsche Modell gelten, sondern auch für das PolySum2-Modell (Seite 50) und das $\mathcal{FU}$-Modell (Seite 28). Wir führen dazu zunächst den Begriff der *Polynomzeitreduktion bezüglich eines Vergleichsmodells R* ein und zeigen, daß dieser die Eigenschaften hat, die man von einem Reduktionsbegriff erwartet. Dazu gehört unter anderem die Eigenschaft, daß zwei hintereinander ausgeführte Reduktionen wieder eine Reduktion ergeben. Der ursprünglich in der Levinschen Theorie entwickelte Reduktionsbegriff hatte diese Eigenschaft nicht. Auch in [9] wird von Y. Gurevich und A. Blass ein Reduktionsbegriff für das Levinsche Modell entwickelt, der diese Transitivitätseigenschaft hat.

Als weitere Veröffentlichungen, die die Vollständigkeitstheorie im Levinschen Modell betreffen, sind zu nennen [4], [5], [9], [10], [16], [17], [18], [20], [41], [42] und [43].

5.1 Polynomzeitreduktionen

Wir kommen zunächst zur Definition von Polynomzeitreduktionen bezüglich schwacher average-case Modelle.

Definition 5.1 *Sei R ein schwaches average-case Modell. Seien $f : \Sigma^* \to \Sigma^*$, $\mu_1, \mu_2 \in \mathcal{D}$, $L_1, L_2 \subseteq \Sigma^*$. Dann heißt f Polynomzeitreduktion bezüglich R von (L_1, μ_1) auf (L_2, μ_2), wenn folgende Bedingungen erfüllt sind:*

1. *Für alle $x \in \Sigma^*$ gilt $f(x) \in L_2$ genau dann, wenn $x \in L_1$.*

2. *Es gibt eine deterministische Turingmaschine M, die f in Zeit t berechnet, wobei $t \in Pol^R_{\mu_1}$.*

3. *Für alle $h \in \mathcal{F}$, $g \in H$ mit $h \leq^R_{\mu_2} g$ gilt*

$$h \circ f \in P(g)^R_{\mu_1}.$$

Ist $\mathcal{C}$ eine P-abgeschlossene Klasse von Laufzeitfunktionen wie zum Beispiel die Menge der Polynome, der Exponentialfunktionen oder der Logarithmusfunktionen (siehe Abschnitt 3.3), so stellt die dritte Bedingung in der Definition von Polynomzeitreduktionen bezüglich R sicher, daß (L_2, μ_2) in mittlerer $\mathcal{C}$-Zeit erkannt wird, wenn (L_1, μ_1) in mittlerer $\mathcal{C}$-Zeit erkannt wird.

Satz 5.2 *Ist $C \subseteq \mathcal{F}$ eine P-abgeschlossene Menge und ist $Pol \subseteq C$, so gilt:*
Ist f eine Polynomzeitreduktion von (L_1, μ_1) auf (L_2, μ_2) und gilt

$$L_2 \in DTime^R_{\mu_2}(C),$$

so ist

$$L_1 \in DTime^R_{\mu_1}(C).$$

Beweis: Die deterministische Turingmaschine zum Erkennen von L_1 berechnet $f(x)$ bei Eingabe x und startet die Maschine M zum Erkennen von L_2 mit der Eingabe $f(x)$. Hat die Turingmaschine für die Berechnung von f die Laufzeit t_1 und die Turingmaschine zum Erkennen von L_2 die Laufzeit t_2, dann ergibt sich die Laufzeit

$$t_1(x) + t_2(f(x))$$

zum Erkennen von L_1. Es ist $t_2 \in C_{\mu_2}^R = P(C)_{\mu_2}^R$, da C eine P-abgeschlossene Menge ist. Damit ist gemäß den Eigenschaften der Polynomzeitreduktion f

$$t_2 \circ f \in P(C)_{\mu_1}^R = C_{\mu_1}^R.$$

Weiter ist

$$t_1 \in Pol_{\mu_1}^R \subseteq C_{\mu_1}^R.$$

Daraus folgt mittels der schwachen Monotonie bezüglich Addition die Behauptung. $\blacksquare$

In Abschnitt 3.3 haben wir gezeigt, daß die Mengen *Pol*, *Exp* und *Log* P-abgeschlossen sind. Daraus folgt das nächste Korollar.

Korollar 5.3 *Für $C \in \{Pol, Exp, Log\}$ gilt die Aussage des obigen Satzes.*

Wir zeigen im folgenden Lemma, daß die Reduzierbarkeit unter der obigen Definition transitiv ist.

Lemma 5.4 *Ist f eine Polynomzeitreduktion von (L_1, μ_1) auf (L_2, μ_2), und ist t eine Polynomzeitreduktion von (L_2, μ_2) auf (L_3, μ_3), so ist $t \circ f$ eine Polynomzeitreduktion von (L_1, μ_1) auf (L_3, μ_3).*

Beweis: Es gilt

$$t(f(x)) \in L_3 \iff f(x) \in L_2 \iff x \in L_1$$

nach Definition. Damit erfüllt $t \circ f$ die erste Eigenschaft einer Polynomzeitreduktion. Berechnet M_f die Funktion f in Zeit $t_1 \in Pol_{\mu_1}^R$ und berechnet M_t die Funktion t in Zeit $t_2 \in Pol_{\mu_2}^R$, dann ist die Laufzeit der Turingmaschine, die bei Eingabe von $x \in \Sigma^*$ zuerst wie M_t rechnet und auf dem Ergebnis dieser Berechnung wie M_f arbeitet, beschränkt durch

$$t_1(x) + t_2(f(x)).$$

Nach Voraussetzung gibt es Polynome $p_i \in Pol$ mit

$$t_i \leq_{\mu_i}^R p_i$$

für $i = 1, 2$. Da f eine Polynomzeitreduktion ist, folgt

$$t_2 \circ f \in P(p_2)_{\mu_1}^R \subseteq Pol_{\mu_1}^R.$$

Infolge der schwachen Monotonie bezüglich Addition folgt

$$t_1 + t_2 \circ f \in Pol_{\mu_1}^R.$$

Damit hat $t \circ f$ die zweite Eigenschaft einer Polynomzeitreduktion.
Sei $h \leq^R_{\mu_3} g$, dann ist

$$h \circ t \in P(g)^R_{\mu_2},$$

da t Polynomzeitreduktion ist, d.h. es gibt ein $g' \in P(g)$ mit

$$h \circ t \leq^R_{\mu_2} g'.$$

Weiter ist dann

$$h \circ t \circ f \in P(g')^R_{\mu_1} \subseteq P(P(g))^R_{\mu_1}$$

nach Voraussetzung. Nach Lemma 3.7 gilt $P(P(g)) = P(g)$. Somit folgt

$$h \circ (t \circ f) \in P(g)^R_{\mu_1}.$$

Es folgt daraus, daß $t \circ f$ eine Polynomzeitreduktion ist. ∎

5.2   P-Transformationen

Es ist in der Regel schwierig, die dritte Bedingung in der Definition des Begriffs *Polynomzeitreduktion bezüglich R* bei gegebener Funktion $f : \Sigma^* \to \Sigma^*$ zu verifizieren. Häufig benutzt man jedoch Polynomzeitreduktionen von einem speziellen, "unkomplizierten" Typ.

In diesem Abschnitt geben wir für einige der im ersten Kapitel vorgestellten schwachen average-case Modelle R ein hinreichendes Kriterium dafür an, daß eine Funktion $f : \Sigma^* \to \Sigma^*$ die dritte Bedingung in der Definition einer Polynomzeitreduktion bezüglich R erfüllt.

Sei μ eine Dichte und μ_f die in Definition 3.35 definierte durch f über μ induzierte Dichte.

Ein Vergleichsmodell $R = (H, V)$ mit den Eigenschaften

1. für alle $f : \Sigma^* \to \Sigma^*$ folgt für alle $h \in \mathcal{F}$ und $g \in H$ aus $h \leq^R_{\mu_f} g$ die Ungleichung $h \circ f \leq^R_\mu g \circ f$, und

2. für alle μ, $g \in \mathcal{F}$ und $f : \Sigma^* \to \Sigma^*$ mit $|f(\cdot)| \in Pol^R_\mu$ folgt $g \circ f \in P(g)^R_\mu$,

hat offensichtlich eine besonders angenehme Struktur. Man kann für ein solches Vergleichsmodell leicht eine hinreichende Bedingung dafür angeben, welche Funktionen f die dritte Bedingung in der Definition 5.1 erfüllen: Dazu muß die Dichte μ_2 die Dichte $\mu_{1,f}$ funktionenweise bezüglich R dominieren und es muß $|f(\cdot)| \in Pol^R_{\mu_1}$ gelten. Dann folgt aus den Eigenschaften von R für alle $h \leq^R_{\mu_2} g$, daß $h \circ f \in P(g)^R_{\mu_1}$ gilt.

Leider haben die Beispiele für schwache average-case Modelle aus Kapitel 2 diese Eigenschaften in dieser Allgemeinheit nicht. Für spezielle Funktionen f liegen diese Eigenschaften jedoch vor. In der folgenden Definition führen wir einen Begriff für solche Funktionen ein.

Definition 5.5 *Sei R ein schwaches average-case Modell. Eine Funktion f heißt P-Transformation (bezüglich R), wenn für alle Dichten μ und alle $h \in \mathcal{F}$, $g \in H$ gilt: Sind $|f(\cdot)| \in Pol_\mu^R$ und $h \leq_{\mu_f}^R g$, so folgt*

$$h \circ f \in P(g)_\mu^R.$$

Es gilt das folgende Lemma für schwache average-case Modelle, die die polynomielle Dominanzeigenschaft haben:

Lemma 5.6 *Sei R ein schwaches average-case Modell, das die Eigenschaft der polynomiellen Dominanz hat, und seien μ_1, μ_2 Dichten, f eine P-Transformation bezüglich R mit $|f(\cdot)| \in Pol_{\mu_1}^R$. Begrenzt dann μ_2 die Dichte $\mu_{1,f}$ polynomiell, so gilt für alle $h \leq_{\mu_2}^R g$*

$$h \circ f \in P(g)_{\mu_1}^R.$$

Welche Funktionen P-Transformationen sind, hängt direkt von dem zugrunde liegenden Vergleichsmodell ab. Wir untersuchen im folgenden für verschiedene average-case Modelle, welche Funktionen P-Transformationen sind.

Satz 5.7 *Im PolySum2-Modell (Seite 50) sind alle Funktionen f, für die es $c, k > 0$ gibt, so daß*

$$|f(x)| \geq c \cdot |x|^{\frac{1}{k}}$$

für alle $x \in \Sigma^*$ gilt, P-Transformationen bezüglich $\mathcal{S}$.

Beweis: Sei $|f(\cdot)| \in Pol_{\mu_1}^\mathcal{S}$, $h \leq_{\mu_{1,f}}^\mathcal{S} g$ und gelte für alle $x \in \Sigma^*$

$$|f(x)| \geq c \cdot |x|^{\frac{1}{k}}.$$

Dann gibt es ein $s > 0$, so daß für alle $t \in I\!N$

$$\sum_{\substack{x \in \Sigma^* \\ |f(x)| > |x|^s}} \mu_1(x) \cdot |x|^t < \infty$$

gilt, d.h.

$$|f(\cdot)| \ \leq_{\mu_1}^\mathcal{S} \ |\cdot|^s. \tag{5.1}$$

Setze $w(x) = \max\limits_{|y| \leq |x|^s} g(y)$, dann ist $w \in P(g)$.

Für alle $t \in I\!N$ gilt

$$
\begin{aligned}
\infty \;>\;& \sum_{\substack{x \in \Sigma^* \\ h(x) > g(x)}} \mu_{1,f}(x) \cdot |x|^t \\[2mm]
=\;& \sum_{\substack{x \in \Sigma^* \\ h(x) > g(x)}} \Big(\sum_{\substack{y \in \Sigma^* \\ f(y) = x}} \mu_1(y) \Big) \cdot |x|^t \\[2mm]
=\;& \sum_{\substack{y \in \Sigma^* \\ h(f(y)) > g(f(y))}} \mu_1(y) \cdot |f(y)|^t \\[2mm]
\geq\;& \sum_{\substack{y \in \Sigma^* \\ h(f(y)) > g(f(y))}} \mu_1(y) \cdot c^t \cdot |y|^{t/k}.
\end{aligned}
$$

Daher ist

$$
h \circ f \leq^{\mathcal{S}}_{\mu_1} g \circ f.
$$

Gilt für ein $x \in \Sigma^*$ die Ungleichung $g(f(x)) > w(x)$, so folgt $f(x) > |x|^s$. Somit ist wegen Ungleichung (5.1) und der Definition von $\mathcal{S}$

$$
g \circ f \leq^{\mathcal{S}}_{\mu_1} w.
$$

Da $\mathcal{S}$ stark transitiv und $w \in P(g)$ ist, erhalten wir

$$
h \circ f \in P(g)^{\mathcal{S}}_{\mu_1}.
$$

Daher ist f eine P-Transformation bezüglich $\mathcal{S}$. ∎

Satz 5.8 *Im PolySum1-Modell (Seite 32) sind alle Funktionen f, für die es $c, k > 0$ mit*

$$
|f(x)| \geq c \cdot |x|^{1/k}
$$

für alle $x \in \Sigma^*$ gibt und die

$$
|x| = |y| \iff |f(x)| = |f(y)|
$$

erfüllen, P-Transformationen bezüglich $\mathcal{MS}$.

Beweis: Sei μ eine Dichte mit $|f(\cdot)| \in Pol^{\mathcal{MS}}_{\mu}$ und $h \leq^{\mathcal{MS}}_{\mu_f} g$. Setze $F(n) = |f(0^n)|$, dann gilt für alle $x \in \Sigma^*$

$$
F(|x|) = |f(x)|.
$$

Weiter gilt

$$s_\mu(n) > 0 \iff s_{\mu_f}(F(n)) > 0$$

und

$$\mu_{f,N}(m) = \mu_N(F^{-1}(m)).$$

Daher gilt für $|y| = m$

$$\mu_{f,m}(y) = \frac{\mu_f(y)}{\mu_{f,N}(|y|)} = \frac{\mu_f(y)}{\mu_N(F^{-1}(|y|))}.$$

Es folgt für alle $t \in I\!N$ und $n \in I\!N$

$$\sum_{\substack{x \in \Sigma^n \\ h(f(x)) > g(f(x))}} |x|^t \cdot \mu_n(x)$$

$$\leq \frac{1}{c^{k \cdot t}} \cdot \sum_{\substack{x \in \Sigma^n \\ h(f(x)) > g(f(x))}} |f(x)|^{k \cdot t} \cdot \mu_n(x)$$

$$\leq \frac{1}{c^{k \cdot t}} \cdot \frac{1}{\mu_N(n)} \cdot \sum_{\substack{x \in \Sigma^n \\ h(f(x)) > g(f(x))}} |f(x)|^{k \cdot t} \cdot \mu(x)$$

$$\leq \frac{1}{c^{k \cdot t}} \cdot \frac{1}{\mu_N(n)} \cdot F(n)^{k \cdot t} \cdot \sum_{\substack{x \in \Sigma^n \\ h(f(x)) > g(f(x))}} \mu(x)$$

$$\leq \frac{1}{c^{k \cdot t}} \cdot \frac{1}{\mu_N(n)} \cdot F(n)^{k \cdot t} \cdot \sum_{\substack{|y| = F(n) \\ h(y) > g(y)}} \mu_f(y)$$

$$\leq \frac{1}{c^{k \cdot t}} \cdot \sum_{\substack{|y| = F(n) \\ h(y) > g(y)}} |y|^{k \cdot t} \cdot \frac{\mu_f(y)}{\mu_N(F^{-1}(|y|))}$$

$$\leq \frac{1}{c^{k \cdot t}} \cdot \sum_{\substack{|y| = F(n) \\ h(y) > g(y)}} |y|^{k \cdot t} \cdot \frac{\mu_f(y)}{\mu_{f,N}(|y|)}$$

$$\leq \frac{1}{c^{k \cdot t}} \cdot \sum_{\substack{|y| = F(n) \\ h(y) > g(y)}} |y|^{k \cdot t} \cdot \mu_{f,F(n)}(y).$$

Da $|f(x)| \geq c \cdot |x|^{1/k}$ für alle $x \in \Sigma^*$ gilt, folgt

$$\lim_{n \to \infty} F(n) = \infty.$$

Da aber $h \leq^{MS}_{\mu_f} g$ und daher für alle $s > 0$

$$\lim_{m \to \infty} \left(s_{\mu_f}(m) \cdot \sum_{\substack{|y| = m \\ h(y) > g(y)}} |y|^s \cdot \mu_{f,m}(y) \right) = 0$$

gilt, folgt

$$\lim_{n \to \infty} \left(s_\mu(n) \cdot \sum_{\substack{x \in \Sigma^n \\ h(f(x)) > g(f(x))}} |x|^t \cdot \mu_n(x) \right) = 0.$$

Also ist $h \circ f \leq_\mu^{\mathcal{MS}} g \circ f$. Es bleibt die Behauptung, daß

$$g \circ f \in P(g)_\mu^{\mathcal{MS}}$$

gilt, zu zeigen. Wegen $|f(\cdot)| \in Pol_\mu^{\mathcal{MS}}$ gibt es ein $s \geq 1$ mit

$$|f(\cdot)| \leq_\mu^{\mathcal{MS}} |\cdot|^s.$$

Sei $t : \Sigma^* \to I\!\!R_0^+$ die folgende Funktion mit

$$t(x) = \max_{|y| \leq |x|^s} g(y)$$

für alle $x \in \Sigma^*$. Dann ist $t \in P(g)$ und für alle $x \in \Sigma^*$ mit $g(f(x)) > t(x)$ gilt $|f(x)| > |x|^s$. Daher folgt für alle $t \in I\!\!N$

$$\lim_{n \to \infty} \left(s_\mu(n) \cdot n^t \cdot \sum_{\substack{|x|=n \\ g(f(x))>t(x)}} \mu_n(x) \right) \tag{5.2}$$

$$\leq \lim_{n \to \infty} \left(s_\mu(n) \cdot n^t \cdot \sum_{\substack{|x|=n \\ |f(x)|>|x|^s}} \mu_n(x) \right) \tag{5.3}$$

$$= 0. \tag{5.4}$$

Dabei gilt die letzte Ungleichung, da $|f(\cdot)| \leq_\mu^{\mathcal{MS}} |\cdot|^s$ ist. Somit ist $g \circ f \leq_\mu^{\mathcal{MS}} t$ und es folgt $g \circ f \in P(g)_\mu^{\mathcal{MS}}$.

Daraus folgt die Behauptung des Satzes. $\blacksquare$

Satz 5.9 *Im erweiterten Levinschen Modell (Seite 43) sind alle Funktionen $f \in \mathcal{F}$ P-Transformationen bezüglich $\mathcal{L}$.*

Beweis: Sei $|f(\cdot)| \in Pol_\mu^{\mathcal{L}}$, und gelte $h \leq_{\mu_f}^{\mathcal{L}} g$. Dann gibt es eine Konstante $t \geq 1$, so daß

$$d = \sum_{x \in \Sigma^*} \mu(x) \cdot \frac{f(x)^{\frac{1}{t}}}{|x|} < \infty \tag{5.5}$$

gilt, und ferner ist

$$\sum_{y \in \Sigma^*} \mu_f(y) \cdot \frac{\widehat{g}^{-1}(h(y))}{|y|} < \infty.$$

Sei

$$C \;=\; \sum_{x \in \Sigma^*} \mu(x) \cdot \frac{\widehat{g}^{-1}(h(f(x)))^{\frac{1}{2 \cdot t}}}{|x|}$$

$$ \;=\; \sum_{x \in \Sigma^*} \mu(x) \cdot \frac{\widehat{g}^{-1}(h(f(x)))^{\frac{1}{2 \cdot t}}}{|f(x)|^{\frac{1}{2 \cdot t}}} \cdot \frac{|f(x)|^{\frac{1}{2 \cdot t}}}{|x|}.$$

Da $\sqrt{a \cdot b} \leq \frac{a+b}{2}$ für alle $a, b > 0$ gilt, folgt für alle $x \in \Sigma^*$

$$\frac{\widehat{g}^{-1}(h(f(x)))^{\frac{1}{2 \cdot t}}}{|f(x)|^{\frac{1}{2 \cdot t}}} \cdot \frac{|f(x)|^{\frac{1}{2 \cdot t}}}{|x|} \;\leq\; \frac{1}{2} \cdot \left(\frac{\widehat{g}^{-1}(h(f(x)))^{\frac{1}{t}}}{|f(x)|^{\frac{1}{t}}} + \frac{|f(x)|^{\frac{1}{t}}}{|x|^2} \right)$$

$$\leq\; \frac{1}{2} \cdot \left(\frac{\widehat{g}^{-1}(h(f(x)))^{\frac{1}{t}}}{|f(x)|^{\frac{1}{t}}} + \frac{|f(x)|^{\frac{1}{t}}}{|x|} \right).$$

Damit ergibt sich

$$C \;\leq\; \frac{1}{2} \cdot \sum_{x \in \Sigma^*} \mu(x) \cdot \left(\left(\frac{\widehat{g}^{-1}(h(f(x)))}{|f(x)|} \right)^{\frac{1}{t}} + \frac{|f(x)|^{\frac{1}{t}}}{|x|} \right)$$

$$\leq\; \frac{1}{2} \cdot \sum_{x \in \Sigma^*} \mu(x) \cdot \left(\frac{\widehat{g}^{-1}(h(f(x)))}{|f(x)|} \right)^{\frac{1}{t}} + \frac{1}{2} \cdot \sum_{x \in \Sigma^*} \mu(x) \cdot \frac{|f(x)|^{\frac{1}{t}}}{|x|}$$

$$\leq\; 2 \cdot d + \sum_{x \in \Sigma^*} \mu(x) \cdot \left(\frac{\widehat{g}^{-1}(h(f(x)))}{|f(x)|} \right)^{\frac{1}{t}}.$$

Die letzte Ungleichung folgt aus Ungleichung (5.5). Wir schätzen nun die verbleibende unendliche Reihe ab. Dazu sei

$$T = \left\{ x \in \Sigma^* : \left(\frac{\widehat{g}^{-1}(h(f(x)))}{|f(x)|} \right)^{\frac{1}{t}} \leq 1 \right\}.$$

Dann ist

$$\sum_{x \in \Sigma^*} \mu(x) \cdot \left(\frac{\widehat{g}^{-1}(h(f(x)))}{|f(x)|} \right)^{\frac{1}{t}}$$

$$\leq\; 1 + \sum_{x \in \Sigma^* \setminus T} \mu(x) \cdot \left(\frac{\widehat{g}^{-1}(h(f(x)))}{|f(x)|} \right)^{\frac{1}{t}}$$

$$\leq\; 1 + \sum_{x \in \Sigma^* \setminus T} \mu(x) \cdot \frac{\widehat{g}^{-1}(h(f(x)))}{|f(x)|}$$

$$\leq\; 1 + \sum_{y \in \Sigma^*} \mu_f(y) \cdot \frac{\widehat{g}^{-1}(h(y))}{|y|}$$

$$<\; \infty$$

nach Voraussetzung. Daraus ergibt sich, daß $C < \infty$ ist. Sei für alle $x \in \Sigma^*$

$$s(x) = \max_{|y| \le |x|^{2 \cdot t}} g(y),$$

dann ist $s \in P(g)$ und $s(\cdot) = \widehat{g}(|\cdot|^{2 \cdot t})$. Weiter gilt

$$\widehat{s}^{-1}(\cdot) \le_{\mathbf{R}_0^+} (\widehat{g}^{-1}(\cdot))^{\frac{1}{2 \cdot t}}.$$

Man beachte dabei, daß s längenwachsend ist, da g längenwachsend ist. Also ist s eine Vergleichsfunktion im erweiterten Levinschen Modell. Somit folgt

$$\sum_{x \in \Sigma^+} \mu(x) \cdot \frac{\widehat{s}^{-1}(h(f(x)))}{|x|} \le C < \infty$$

und damit

$$h \circ f \le_\mu^{\mathcal{L}} s.$$

Daraus ergibt sich

$$h \circ f \in P(g)_\mu^{\mathcal{L}}.$$

Also ist f eine P-Transformation bezüglich $\mathcal{L}$. $\blacksquare$

Wie man leicht sieht, läßt sich im $\mathcal{FU}$-Modell (Seite 28) der analoge Satz zeigen.

Satz 5.10 *Im $\mathcal{FU}$-Modell (Seite 28) sind alle Funktionen f P-Transformationen bezüglich $\mathcal{FU}$.*

5.3 Glatte schwache average-case Modelle

Wir haben im vorangehenden Abschnitt für verschiedene Modelle hinreichende Bedingungen kennengelernt, unter denen eine Funktion f eine P-Transformation ist: Im erweiterten Levinschen Modell, im PolySum1-, im PolySum2- und im $\mathcal{FU}$-Modell gilt, daß jede Funktion f, die die folgenden Eigenschaften hat, eine P-Transformation ist:

1. Es gibt $c, k > 0$ mit $|f(x)| \ge c \cdot |x|^{1/k}$ für alle $x \in \Sigma^*$.

2. $|x| = |y| \iff |f(x)| = |f(y)|$.

Definition 5.11 *Ein schwaches average-case Modell R, das die polynomielle Dominanzeigenschaft hat und für das gilt, daß alle Funktionen mit den obigen Eigenschaften 1 und 2 P-Transformationen bezüglich R sind, heißt glatt.*

Gemäß den im vorangehenden Abschnitt und in Abschnitt 3.1.3 gezeigten Aussagen gelten die beiden folgenden Lemmata:

Lemma 5.12 *Jedes Vergleichsmodell $R \in \{\mathcal{S}, \mathcal{L}, \mathcal{FU}\}$ ist glatt.*

Das PolySum1-Modell $\mathcal{MS}$ (Seite 32) ist nicht glatt, da es gemäß Lemma 3.12 nicht die Eigenschaft der polynomiellen Dominanz hat.

Lemma 5.13 *Seien $L_1, L_2 \subseteq \Sigma^*$ und $\mu_1, \mu_2 \in \mathcal{D}$. Ist R ein glattes schwaches average-case Modell und ist f eine Abbildung mit*

1. *$f(x) \in L_2 \iff x \in L_1$,*

2. *f ist in mittlerer P-Zeit bezüglich μ_1 und R berechenbar,*

3. *es gibt $c, k > 0$ mit $|f(x)| \geq c \cdot |x|^{1/k}$ für alle $x \in \Sigma^*$,*

4. *$|x| = |y| \iff |f(x)| = |f(y)|$,*

5. *μ_2 begrenzt polynomiell $\mu_{1,f}$,*

so reduziert f das Paar (L_1, μ_1) polynomiell bezüglich R auf (L_2, μ_2).

Beweis: Hat f die Eigenschaften 1 bis 5, so hat f offensichtlich die ersten beiden Eigenschaften einer Polynomzeitreduktion bezüglich R, und wir müssen nur die dritte Eigenschaft nachweisen.

Sei $h \leq^R_{\mu_2} g$, dann gilt gemäß der Eigenschaft der polynomiellen Dominanz und der fünften Eigenschaft von f

$$h \in P(g)^R_{\mu_{1,f}}. \tag{5.6}$$

Da R glatt ist und f die Eigenschaften 3 und 4 hat, ist f eine P-Transformation bezüglich R. Somit gilt

$$h \circ f \in P(g)^R_{\mu_1}$$

nach Lemma 5.6. Damit ist die Aussage des Lemmas bewiesen. ∎

Wir kommen nun zur Definition des Vollständigkeitsbegriffs.

Definition 5.14
Sei R ein schwaches average-case Modell, $L' \subseteq \Sigma^*$ und $\mu \in \mathcal{D}$. Sei

$$\mathcal{T} \subseteq \{(L, \mu) : L \subseteq \Sigma^*, \ \mu \in \mathcal{D}\}.$$

Wir sagen (L', μ) ist $\mathcal{T}$-hart bezüglich R, wenn es für alle Paare $(L, \gamma) \in \mathcal{T}$ eine Polynomzeitreduktion f bezüglich R von (L, γ) nach (L', μ) gibt.

Gilt ferner $(L', \mu) \in \mathcal{T}$, so ist (L', μ) vollständig bezüglich R in $\mathcal{T}$.

Der folgende Satz begründet die Bedeutung T-harter Paare (L', μ):

Satz 5.15
Sei R ein schwaches average-case Modell und sei $T \subseteq \{(L, \mu) : L \subseteq \Sigma^*, \ \mu \in \mathcal{D}\}$. Falls es ein T-hartes Paar (L', μ), $L' \subseteq \Sigma^*$, $\mu \in \mathcal{D}$, mit $L' \in DTime_\mu^R(Pol)$ gibt, gilt für alle $(L, \gamma) \in T$:

$$L \in DTime_\gamma^R(Pol).$$

Beweis: Für alle $(L, \gamma) \in T$ gibt es eine Polynomzeitreduktion bezüglich R von (L, γ) nach (L', μ) und es gilt $L' \in DTime_\mu^R(Pol)$. Nach Satz 5.2 folgt dann

$$L \in DTime_\gamma^R(Pol). \qquad \blacksquare$$

Im folgenden Abschnitt untersuchen wir einige Mengen T, die von einem speziellen Typ sind. Diese haben nämlich die Form $T = S \times D$, wobei S eine Menge von Sprachen und $D \subseteq \mathcal{D}$ ist. Für diese Mengen ergibt sich aus obigem Satz das folgende Korollar:

Korollar 5.16 *Sei R ein schwaches average-case Modell, S eine Menge von Sprachen, $D \subseteq \mathcal{D}$ und $T = S \times D$. Falls es ein T-hartes Paar (L', μ), $L' \subseteq \Sigma^*$, $\mu \in \mathcal{D}$, mit $L' \in DTime_\mu^R(Pol)$ gibt, gilt $S \subseteq DTime_D^R(Pol)$.*

5.4   Vollständigkeitsresultate

Wir weisen in den folgenden Sätzen nach, daß es solche vollständigen Probleme bezüglich glatter schwacher average-case Modelle gibt.

Sei $DistNP = \{(L, \mu) : L \in NP, \mu \in Vapprox(Pol, \mathcal{F})\}$.

Satz 5.17 *Sei R ein glattes schwaches average-case Modell. Dann gibt es ein Paar (L, μ), das vollständig bezüglich R in $DistNP$ ist.*

Der Beweis dieses Satzes benutzt Beweistechniken aus [15]. Der Unterschied zum entsprechenden Beweis in [15] besteht darin, daß wir hier nur Reduktionsabbildungen f mit

$$|x| = |y| \iff |f(x)| = |f(y)|$$

benutzen. Wir benötigen dabei ein Lemma aus [15], auf dessen Beweis wir hier verzichten.

Lemma 5.18 *Ist $\mu \in Vcomp(Pol, \mathcal{F})$, so gibt es eine injektive Funktion*

$$code_\mu : \Sigma^* \to \Sigma^*,$$

die in polynomieller Zeit von einer deterministischen Turingmaschine M_{code} berechnet wird, mit

$$|code_\mu(x)| \leq 2 + \min\left\{|x|, \log_2\left(\frac{1}{\mu(x)}\right)\right\}$$

für alle $x \in \Sigma^*$.

Beweis von Satz 5.17: Um die Behauptung zu beweisen, müssen wir ein spezielles vollständiges Paar $(L_0, \mu_0) \in DistNP$ und für jedes Paar $(L, \gamma) \in DistNP$ eine Polynomzeitreduktion f von (L, γ) auf (L_0, μ_0) angeben. Wir gehen dabei wie folgt vor: zuerst zeigen wir, daß es zu (L, γ) eine Dichte $\mu \in Vcomp(Pol, \mathcal{F})$ und eine Polynomzeitreduktion von (L, γ) auf (L, μ) gibt. Dann reduzieren wir (L, μ) auf ein Paar (BH_L, μ_1), wobei BH_L eine von L abhängige Sprache ist, aber μ_1 weder von L noch von μ abhängt. Schließlich reduzieren wir (BH_L, μ_1) auf das Paar (BH, μ_0), wobei BH eine Variante der bekannten Sprache *Bounded Halting* ist. (Vergleiche zum Beispiel Definition 3.7 in [23].)

1. Reduktion von (L, γ) auf ein Paar (L, μ) mit $\mu \in Vcomp(Pol, \mathcal{F})$:

Nach Lemma 3.26 gibt es eine Dichte $\mu \in Vcomp(Pol, \mathcal{F})$ mit

$$10 \cdot \mu(x) \geq \gamma(x)$$

für alle $x \in \Sigma^*$. Da R glatt ist, ist $t(x) = x$ gemäß Lemma 5.13 offenbar eine Polynomzeitreduktion von (L, γ) auf (L, μ).

2. Reduktion von (L, μ) auf (BH_L, μ_1):

Nach Lemma 5.18 existiert zu μ eine Funktion $code_\mu : \Sigma^* \to \Sigma^*$, die in polynomieller Zeit von einer deterministischen Turingmaschine M_{code} berechnet wird und für die

$$|code_\mu(x)| \leq 2 + \min\left\{|x|, \log_2\left(\frac{1}{\mu(x)}\right)\right\} \tag{5.7}$$

für alle $x \in \Sigma^*$ gilt. Sei M_D die folgende nichtdeterministische Turingmaschine: bei Eingabe x' rät M_D ein x und berechnet $M_{code}(x)$. Ist x' gleich der Ausgabe dieser Maschine, so gibt sie x aus, sonst geht sie in eine Endlosschleife. Somit bestimmt M_D zu x' das Urbild bezüglich der Abbildung $code_\mu$, falls ein solches existiert. Sei $t \in I\!N$ so gewählt, daß $|x'|^t$ eine obere Schranke für die Laufzeit dieser Berechnung ist. Seien eine nichtdeterministische Turingmaschine M_L, die L akzeptiert, und ein $l > 0$ so gewählt, daß bei keiner Eingabe $x \in \Sigma^*$ die Turingmaschine M_L mehr als

$|x|^l$ Schritte macht. Sei M_B die Turingmaschine, die durch Hintereinanderschalten von zuerst M_D und dann M_L entsteht. Wir bezeichnen mit

$$BH_L$$

die Menge aller Strings

$$x'01^k,$$

für die gilt, daß M_B die Eingabe x' in maximal $k + |x'|$ Schritten akzeptiert.

Sei

$$\mu_1(x) = \begin{cases} \frac{c}{k^2 \cdot |x'|^2 \cdot 2^{|x'|}} & \text{falls } x = x'01^k \text{ für ein } k \geq 1, \\ 0 & \text{sonst,} \end{cases}$$

wobei c die Normierungskonstante ist. Es gilt offensichtlich: $BH_L \in NP$ und $\mu_1 \in Vapprox(Pol, \mathcal{F})$.

Wir konstruieren nun eine Polynomzeitreduktion von (L, μ) auf das Paar (BH_L, μ_1). Dabei stellen wir sicher, daß die Reduktionsabbildung die Eigenschaften aus Lemma 5.13 hat.

Sei $w \in I\!\!N$, so daß für alle $x \neq \varepsilon$ gilt:

$$w + |x|^w \geq |code_\mu(x)|^t + |x|^l.$$

Ein solches w existiert, da $|code_\mu(x)|$ in P-Zeit berechenbar und damit polynomiell beschränkt ist. Die Polynomzeitreduktion von (L, μ) auf (BH_L, μ_1) hat dann die Form

$$f(x) = code_\mu(x)01^c,$$

wobei

$$c = w + |x|^w - |code_{\mu(x)}|$$

ist.

Wir zeigen, daß f die Eigenschaften einer Polynomzeitreduktion hat:

Es gilt $x \in L$ genau dann, wenn M_B die Eingabe $code_\mu(x)$ in maximal

$$|code_\mu(x)|^t + |x|^l \leq w + |x|^w$$

Schritten akzeptiert. Dies gilt genau dann, wenn

$$code_\mu(x)01^c \in BH_L$$

gilt, wobei

$$c = w + |x|^w - |code_\mu(x)| \tag{5.8}$$

ist.

Darüber hinaus kann f in polynomieller Zeit berechnet werden, da $code_\mu$ in polynomieller Zeit berechenbar ist.

Schließlich gilt

$$|f(x)| = w + |x|^w \geq |x|.$$

Da f injektiv ist, gilt

$$\mu_f(y) = \begin{cases} 0 & \text{falls } y \notin f(\Sigma^*), \\ \mu(x) & \text{falls } y = f(x). \end{cases}$$

Daher folgt für alle $y \notin f(\Sigma^*)$

$$\mu_1(y) \geq 0 = \mu_f(y).$$

Und für alle $y \in f(\Sigma^*)$ folgt, daß y die folgende Form hat:

$$y = x'01^k.$$

Dabei gilt für x mit $code_\mu(x) = x'$:

$$k = w + |x|^w - |code_\mu(x)| = w + |x|^w - |x'|.$$

Aus Ungleichung (5.7) folgt

$$|x'| = |code_\mu(x)| \leq 2 + \max\left\{|x|, \log_2\left(\frac{1}{\mu(x)}\right)\right\}.$$

Daher ist für fast alle $y \in \Sigma^*$ mit $y = x'01^k$

$$\begin{aligned}
\mu_1(y) &= \frac{c}{|x'|^2 \cdot 2^{|x'|} \cdot k^2} \\
&\geq \frac{c}{d \cdot |x|^2 \cdot 2^{2+\log_2\left(\frac{1}{\mu(x)}\right)} \cdot |x|^{2\cdot w}} \\
&\geq \frac{c}{4 \cdot d \cdot |x|^{2+2\cdot w}} \cdot \mu(x) \\
&\geq \frac{c}{4 \cdot d \cdot |y|^{2+2\cdot w}} \cdot \mu_f(y),
\end{aligned}$$

für ein $d > 0$. Dabei gilt die letzte Ungleichung, da $|y| = |f(x)| \geq |x|$ gilt. Also wird μ_f polynomiell begrenzt von μ_1.

Nach Lemma 5.13 ist f eine Polynomzeitreduktion, da R glatt ist.

3. Reduktion von (BH_L, μ_1) auf (BH, μ_0):

Sei mit $< \cdot, \cdot >$ eine in Polynomzeit berechenbare und invertierbare Pairing-Funktion (vergleiche Seite 7 in [23]) bezeichnet, die die folgende Eigenschaft hat: Es gibt eine Konstante $d \geq 0$, so daß für alle $x, y \in \Sigma^*$

$$| < x, y > | = 2 \cdot |x| + |y| + d$$

gilt. Die Funktion $p : \Sigma^* \times \Sigma^* \to \Sigma^*$ mit $p(x, y) = 1^{|x|}0xy$ ist ein Beispiel für eine solche Funktion. Sei

$$BH$$

die Menge aller $y =< M, x01^k >$, wobei M die Kodierung einer nichtdeterministischen Turingmaschine ist, die die Eingabe x in maximal $k + |x|$ Schritten akzeptiert. Sei weiter

$$\mu_0(< M, x01^k >) \;=\; \frac{c}{|M|^2 \cdot 2^{|M|}} \cdot \mu_1(x01^k). \tag{5.9}$$

Sei $\tilde{M}_L$ die Kodierung einer nichtdeterministischen Turingmaschine, die BH_L in polynomieller Zeit akzeptiert. Wir zeigen, daß die Funktion

$$g(y) =< \tilde{M}_L, y >$$

eine Polynomzeitreduktion von (BH_L, μ_1) auf (BH, μ_0) ist.

Hat y nicht die Form $x01^k$, so ist $y \notin BH_L$ und ebenso ist $< \tilde{M}_L, y >\notin BH$. Für $y = x01^k$ gilt: Die Maschine $\tilde{M}_L$ akzeptiert die Eingabe x in maximal $k + |x|$ Schritten genau dann, wenn $x01^k \in BH_L$ gilt. Dies ist genau dann der Fall, wenn $< \tilde{M}_L, x01^k >\in BH$ gilt.

Offensichtlich kann g in polynomieller Zeit berechnet werden.

Darüber hinaus ist g injektiv, und es gilt

$$|g(x01^k)| = |x01^k| + c' \geq |x|,$$

wobei c' eine Konstante ist.

Aus der Injektivität von g folgt

$$\mu_{1,g}(y) = \begin{cases} 0 & \text{falls } y \notin g(\Sigma^*), \\ \mu_1(x01^k) & \text{falls } y =< \tilde{M}_L, x01^k > . \end{cases}$$

Daher gilt für $y =< \tilde{M}_L, x01^k >$

$$\begin{aligned}
\mu_0(y) &= \frac{c}{|\tilde{M}_L|^2 \cdot 2^{|\tilde{M}_L|}} \cdot \mu_1(x01^k) \\
&= \frac{c}{|\tilde{M}_L|^2 \cdot 2^{|\tilde{M}_L|}} \cdot \mu_{1,g}(y).
\end{aligned}$$

Also begrenzt μ_0 die Dichte $\mu_{1,g}$ polynomiell, und daher ist g eine Polynomzeitreduktion.

Mit Lemma 5.4 folgt dann, daß $g \circ f \circ t$ eine Polynomzeitreduktion von (L, γ) nach (BH, μ_0) ist. Somit ist (BH, μ_0) vollständig bezüglich R in $DistNP$. ∎

Ebenso zeigt man:

Satz 5.19 *Seien* $\mathcal{T} = \{(L, \mu) : L \in PSpace, \quad \mu \in Vapprox(Pol, \mathcal{F})\}$ *und* R *ein glattes schwaches average-case Modell. Dann gibt es ein Paar* (L, μ)*, das vollständig bezüglich* R *in* $\mathcal{T}$ *ist.*

Beweis: Der Beweis verläuft analog zum Beweis des vorangehenden Satzes. Dabei verwendet man in der Definition der Dichte μ_0 (vergleiche Gleichung (5.9)) statt der nichtdeterministischen Turingmaschinen deterministische Turingmaschinen, statt der Sprache BH die Sprache

$$BP = \{< M, x01^k >: \quad M \text{ ist eine DTM, die } x \text{ akzeptiert und dabei} $$
$$\text{maximal } |x| + k \text{ Bandeinheiten benutzt}\} \qquad (5.10)$$

und, bei gegebenem L, im ersten Teil des Beweises statt BH_L die Sprache

$$BP_L = \{x01^k : \quad M'_B \text{ akzeptiert } x \text{ in maximalem Platz von} $$
$$k + |x| \text{ Bandeinheiten }\},$$

wobei M'_B die analoge Maschine zu M_B aus obigem Beweis ist. Die Maschine M'_B setzt sich aus einer deterministischen Turingmaschine M'_D zum Dekodieren der Eingabe und der entsprechenden Maschine zum Erkennen, ob der dekodierte String in L liegt oder nicht, zusammen. Da Dekodieren durch eine NP-Maschine realisiert werden kann, kann es auch durch eine $PSpace$-Maschine ausgeführt werden. Da $L \in PSpace$ gilt, gilt auch $BP_L \in PSpace$. ∎

Verwendet man statt BH im Beweis von Satz 5.17 die Sprache

$$EBH = \{< M, x01^k >: \quad M \text{ ist eine DTM, die } x \text{ akzeptiert und dabei} $$
$$\text{maximal } 2^{|x|+k} \text{ Schritte macht}\} \qquad (5.11)$$

und statt BH_L die Sprache

$$EBH_L = \{x01^k : \quad M'_B \text{ akzeptiert } x \text{ in maximal } 2^{k+|x|} \text{ Schritten }\},$$

und paßt man die Defintion der Dichte μ_0 geeignet an, so erhält man den nachstehenden Satz 5.20. Dabei ist M'_B die folgende deterministische Turingmaschine: Nach Voraussetzung gibt es eine deterministische Turingmaschine M_L, die die Sprache L in Zeit $2^{O(|x|)}$ akzeptiert. Die Maschine M'_B dekodiert zuerst $y = code_\mu(x)01^c$, d.h.

sie berechnet x. Anschließend wird M_L mit der Eingabe x gestartet. Da $|y| \geq |x|$ gilt und die Laufzeit von M_L bei Eingabe x durch $2^{O(|x|)} \leq 2^{O(|y|)}$ abgeschätzt werden kann, müssen wir nur noch die Zeit zum Dekodieren abschätzen, um zu zeigen, daß M'_B Laufzeit $2^{O(|y|)}$ hat. Dies sieht man aber folgendermaßen: Der Wert $\ell = |x|$ kann nach Wahl der Pairing-Funktion aus y gemäß Gleichung (5.8) in P-Zeit berechnet werden. Ebenso kann in P-Zeit getestet werden, ob für ein gegebenes $x' \in \Sigma^*$

$$code_\mu(x')01^k = y$$

gilt, da die Funktion $code_\mu$ in P-Zeit berechnet werden kann. Es muß daher nur das korrekte x zu dem gegebenen y gefunden und getestet werden. Dazu werden alle $x' \in \Sigma^\ell$ durchprobiert. Somit sind zum Dekodieren nur $2^{O(|y|)}$ Schritte nötig. Daraus folgt, daß $EBH_L \in DExpTime$ gilt.

Satz 5.20 *Seien* $T = \{(L, \mu) : L \in DExpTime, \quad \mu \in Vapprox(Pol, \mathcal{F})\}$ *und R ein glattes schwaches average-case Modell. Dann gibt es ein Paar (L, μ), das vollständig bezüglich R in T ist.*

Die obigen Resultate gelten bezüglich in P-Zeit approximierbarer Dichten. Wir kommen nun zu Ergebnissen für Klassen von Paaren (L, μ), wobei μ eine in P-Zeit generierbare Dichte ist und L zum Beispiel in NP liegt. In den folgenden Sätzen und Beweisen haben wir Techniken aus [39] auf unsere allgemeinere Situation übertragen.

Satz 5.21 *Seien* $T = \{(L, \mu) : L \in NP, \quad \mu \in Vgen(Pol, \mathcal{F})\}$ *und R ein glattes schwaches average-case Modell. Dann gibt es ein Paar (L, μ), das vollständig bezüglich R in T ist.*

Beweis: Wir geben zunächst einen Überblick über den Beweis an: Ziel ist es wieder, alle Paare (L, γ) mit $L \in NP$ und $\gamma \in Vgen(Pol, \mathcal{F})$ auf ein Paar (BH, τ) zu reduzieren, wobei τ die durch die Reduktionen f induzierten Dichten γ_f dominiert und BH die aus dem Beweis zu Satz 5.17 bekannte Sprache *Bounded Halting* ist. Da alle Dichten γ in P-Zeit generierbar sind, sind auch die durch Reduktionen f induzierten Dichten in P-Zeit generierbar, falls f selbst in P-Zeit berechenbar ist. Somit liegt es nahe, eine Dichte τ zu suchen, die alle in P-Zeit generierbaren Dichten polynomiell beschränkt. (Man sieht leicht, daß τ in diesem Fall $Vgen(Pol, \mathcal{F})$–universell bezüglich R und $P(C)$ für alle $C \subseteq \mathcal{F}$ ist, da R die polynomielle Dominanzeigenschaft hat.) Ist $\{\gamma_i\}_{i \in N_0}$ eine Aufzählung aller in P-Zeit generierbaren Dichten, so ist

$$\sum_{i=0}^{\infty} \frac{6}{\pi^2} \cdot \frac{\gamma_i(x)}{i^2}$$

eine solche universelle Dichte bezüglich jedes schwachen average-case Modells, das die Eigenschaft der polynomiellen Dominanz hat. Leider ist aber unklar, ob diese Dichte in P-Zeit generiert werden kann, da die offensichtliche Methode, diese Dichte zu generieren, nicht in P-Zeit in der Länge der Ausgabe funktioniert. Diese offensichtliche Methode hat nämlich folgende Form: zuerst wird ein $i \in I\!N_0$ zufällig gewählt, dann wird die Münzwurf-Maschine M_i berechnet, die γ_i generiert, und schließlich wird diese Maschine auf der Eingabe ε gestartet. Mit wachsendem i kann jedoch der Grad des Laufzeitpolynoms von M_i auch wachsen, so daß diese Konstruktion nicht zu einer Münzwurf-Maschine führt, deren Laufzeit polynomiell in der Länge der Ausgabe ist.

Dieses Problem umgeht man, wie in [40] dargestellt wird, indem man sich auf Dichten γ_i beschränkt, die in Zeit $O(|\cdot|^2)$ in der Länge der Ausgabe generiert werden können. Dann zeigt man, daß es zu jedem Paar (L, γ) mit $L \in NP$ und $\gamma \in Vgen(Pol, \mathcal{F})$, ein Paar (L', γ') gibt, auf das (L, γ) mittels einer Polynomzeitreduktion bezüglich R reduziert werden kann, wobei $L' \in NP$ und γ' eine in Zeit $O(|\cdot|^2)$ generierbare Dichte ist.

Man muß also nur noch Dichten γ_i beachten, die in Zeit $O(|\cdot|^2)$ generiert werden, dennoch bleibt bei obiger Methode folgendes Problem bestehen: Berechnet man zu i die Münzwurf-Maschine M_i, die die Dichte γ_i generiert, so ist die Zeit $t(i)$ dafür wiederum abhängig von i und wächst sicherlich mit i. Wird also ein x mit Hilfe der Maschine M_i mit $|x|^2 < t(i)$ generiert, so funktioniert die obige Methode sicher nicht in Zeit $O(|\cdot|^2)$. Ebenso sieht man, daß dies nicht in polynomiell beschränkter Zeit in der Länge der Ausgabe realisierbar ist. Wir umgehen dieses Problem im folgenden, indem wir die Dichte τ passend verändern.

Wir kommen nunmehr zum detaillierten Beweis des Satzes.

Sei $\{M_i\}_{i \in I\!N_0}$ eine rekursive Aufzählung aller Münzwurf-Maschinen mit nur einem Arbeitsband, und sei E eine deterministische Turingmaschine, die bei Eingabe 1^i, $i \in I\!N_0$, die Kodierung der Münzwurf-Maschine M_i ausgibt. Benötige E dafür $t(i)$ Schritte.

Sei γ_i die von M_i bei Eingabe ε generierte Dichte, d.h. für alle $x \in \Sigma^*$ gilt

$$\gamma_i(x) = \pi_{M_i}(\varepsilon, x).$$

Man betrachte folgende Münzwurf-Maschine Q: Eingabe der Maschine Q ist die Kodierung einer Münzwurf-Maschine M_i mit nur einem Arbeitsband. Die Maschine Q hat zusätzlich zum Eingabeband vier Arbeitsbänder. Auf dem ersten Band wird die Berechnung der Maschine M_i an der Eingabe ε simuliert, auf dem zweiten Arbeitsband wird parallel dazu die Zahl der simulierten Schritte notiert, und auf dem dritten Arbeitsband wird die Zahl der Schritte, die Q macht, unär notiert. Ist die Simulation von M_i beendet und hat M_i dabei die Ausgabe x in t Schritten berechnet, so berechnet Q auf dem vierten Arbeitsband den Wert $2 \cdot |x|^2 + 2$ und prüft durch Vergleich der Länge des beschriebenen Teils des zweiten und vierten Arbeitsbandes, ob $t \leq 2 \cdot |x|^2 + 2$ gilt. In diesem Fall gibt Q den Wert x aus, andernfalls wird die Protokollierung der Laufzeit auf Band vier gestoppt und der Inhalt des dritten Bandes ausgegeben.

Die dabei generierte Dichte bezeichnen wir mit γ_i'.

Behauptung 1:
Die Laufzeit der Maschine Q ist durch $O(|x|^3)$ bei Ausgabe x beschränkt.

Ist M_i die Eingabe von Q und werden t Schritte der Maschine M_i simuliert, bis diese mit Ausgabe x hält, so sind zur Simulation dieser t Schritte von M_i, $i \in I\!N_0$, maximal $O(t \cdot \log_2 t)$ Schritte in der Simulation nötig. Da alle anderen Aktionen auf den übrigen Bändern parallel durchgeführt werden, kosten diese keine weitere Zeit. Zur Berechnung des Wertes $2 \cdot |x|^2 + 2$ auf dem vierten Arbeitsband ist, da diese Funktion voll zeitkonstruierbar ist (vergleiche [28]), nur Zeit $2 \cdot |x|^2 + 2$ nötig. Tritt der Fall ein, daß $t \leq 2 \cdot |x|^2 + 2$ gilt, so stoppt Q und hat $O(|x|^2 \cdot \log_2(|x|))$ Schritte gemacht. Andernfalls ist $t > 2 \cdot |x|^2 + 2$. Hat Q bisher s Schritte gemacht, so ist der Inhalt seines dritten Arbeitsbandes s Zeichen lang. Dieser wird auf das erste Band kopiert und damit ausgegeben. Dazu sind nochmals $2 \cdot s$ Schritte nötig. Da die Ausgabe aber in diesem Fall s Zeichen lang ist, ist die Laufzeit von Q bei Ausgabe x maximal $O(|x|^3)$.

Wir sagen im folgenden, daß eine Münzwurf-Maschine M eine Dichte γ in *quadratischer Zeit generiert*, wenn es eine Konstante $c > 0$ gibt, so daß für alle $x \in \Sigma^*$ gilt: Alle Berechnungen von M bei Eingabe ε, die zur Ausgabe von x führen, haben maximale Länge $\max\{c, 2 \cdot |x|^2 + 2\}$.

Behauptung 2:
Sei γ eine Dichte, die von einer Münzwurf-Maschine mit nur einem Arbeitsband in quadratischer Zeit generiert wird. Dann gibt es eine Münzwurf-Maschine M_i aus obiger Aufzählung, so daß für die von Q bei Eingabe M_i erzeugte Dichte γ_i' und für fast alle $x \in \Sigma^*$ gilt: $\gamma_i'(x) = \gamma(x)$.

Sei M_i die Münzwurf-Maschine mit nur einem Arbeitsband, die γ in quadratischer Zeit generiert. Dann gilt für fast alle Ausgaben x von M_i und alle Berechnungen, die zu dieser Ausgabe führen, daß die Länge der jeweiligen Berechnung t die Ungleichung $t \leq 2 \cdot |x|^2 + 2$ erfüllt. Daher gibt Q nach Konstruktion bei Eingabe M_i genau die bei der Simulation von M_i berechneten Ausgaben von M_i aus, d.h. für alle x, zu deren Ausgabe M_i maximal $2 \cdot |x|^2 + 2$ Schritte benötigt, gilt $\gamma_i'(x) = \gamma(x)$.

Behauptung 3:
Sei δ eine Dichte auf $I\!N_0$ mit $\mathcal{SUP}(\delta) = I\!N_0$. Wenn es eine Münzwurf-Maschine M und eine Konstante $c > 0$ gibt, so daß M nur Ausgaben aus $\{1\}^*$ liefert und bei Ausgabe 1^i, $i \in I\!N_0$, maximal $c \cdot i + c$ Schritte macht und 1^i mit Wahrscheinlichkeit

$\delta(i)$ *ausgibt, dann gibt es eine Dichte* $\tau \in Vgen(Pol, \mathcal{F})$ *mit*

$$\tau(x) \geq \frac{1}{2} \cdot \left(\left(\sum_{\substack{i \in \mathbb{N}_0 \\ m(i) < |x|}} \delta(i) \cdot \gamma_i'(x) \right) + \delta(|x|) \cdot \frac{1}{2^{|x|}} \right)$$

für alle $x \in \Sigma^*$, *wobei* $m(i) = c \cdot i + c + t(i)$.

Wir geben eine Münzwurf-Maschine an, die eine solche Dichte τ generiert.

Algorithmus 5.22

BEGIN	*(1)*
Wähle $b \in \{0, 1\}$ *zufällig und gleichverteilt per Münzwurf;*	*(2)*
Wähle ein $i \in \mathbb{N}_0$ *mit Hilfe von* M; *notiere die Zahl der gemachten Schritte parallel dazu unär auf einem zusätzlichen Arbeitsband;*	*(3)*
IF $b = 0$	*(4)*
THEN Starte die Maschine E an der Eingabe i und notiere parallel dazu die Zahl der benötigten Schritte dieser Berechnung unär auf dem zusätzlichen Arbeitsband;	*(5)*
Sei M_i *die dabei erhaltene Münzwurf-Maschine;* *Starte* Q *mit der Eingabe* M_i; *Sei* x *die dabei erhaltene Ausgabe;* *Sei* m *der notierte Wert auf dem zusätzlichen Arbeitsband;*	*(6)*
IF $|x| > m$	*(7)*
THEN *Gib* x *aus;*	*(8)*
ELSE *Gib den String* $0^{m(i)}$ *aus;*	*(9)*
ELSE *Wähle einen* i *Bits langen Zufallsstring* y *und gib diesen aus;*	*(10)*
END	*(11)*

Sei i die Zahl, die in Schritt (3) gewählt wird. Auf dem zusätzlichen Arbeitsband der Maschine wird maximal der Wert $t(i) + c \cdot i + c$ protokolliert, da $c \cdot i + c$ bzw. $t(i)$ die entsprechenden maximalen Laufzeiten zum Generieren von i bzw. zum Berechnen von M_i sind. Somit ist in Schritt (6)

$$m \leq m(i).$$

Schritt (2) kann in einem Übergang realisiert werden, Schritt (3) wird nach Voraussetzung in Zeit $t_1 \leq c \cdot i + c$ durchgeführt. Man beachte dabei, daß die Berechnungen von M nicht simuliert werden müssen, denn M kann in die Übergangstabelle der Gesamtmaschine eingebaut werden. Schritt (4) kann wiederum in $O(1)$ Zeit durchgeführt werden. In Schritt (5) sind $t_2 \leq t(i)$ Übergänge nach Definition der Funktion t nötig. Es ist $t_1 + t_2 = m$. Schritt (6) benötigt gemäß der ersten Behauptung $O(|x|^3)$ Übergänge, wenn die Ausgabe in diesem Schritt x ist. Schritt (7) kann in $O(m)$ Schritten realisiert werden. Schritt (8) bzw. Schritt (9) sind in linearer Zeit in der Länge der Gesamtausgabe durchführbar. Schritt (10) ist in Zeit $O(i)$ realisierbar.

Erzeugt die Münzwurf-Maschine in Schritt (8) oder (9) die Ausgabe, so ist die Laufzeit maximal $O(m + |x|^3) = O(|x|^3)$ in dieser Ausgabe. Wird die Ausgabe dagegen in Schritt (10) erzeugt, so wurden bis dahin maximal $c \cdot i + c + O(1)$ Schritte gemacht, die Ausgabe hat aber Länge i. Daher ist die Laufzeit der Gesamtmaschine durch $O(|x|^3)$ beschränkt, wenn die Ausgabe x ist.

Es bleibt zu zeigen, daß die generierte Dichte τ die Ungleichung

$$\tau(x) \geq \frac{1}{2} \cdot \left(\Big(\sum_{\substack{i \in N_0 \\ m(i) < |x|}} \delta(i) \cdot \gamma_i'(x) \Big) + \delta(|x|) \cdot \frac{1}{2^{|x|}} \right)$$

für alle $x \in \Sigma^*$ erfüllt.

Die Wahrscheinlichkeit dafür, daß die Ausgabe in Schritt (8) oder (9) generiert wird, ist $\frac{1}{2}$. Ebenso ist die Wahrscheinlichkeit dafür, daß die Ausgabe in Schritt (10) generiert wird, $\frac{1}{2}$. Die Wahrscheinlichkeit dafür, daß in Schritt (6) mittels der Maschine M_i der Wert x berechnet wird, ist

$$\delta(i) \cdot \gamma_i'(x).$$

Falls für dieses x gilt $|x| > m$, so wird dieses x ausgegeben. Da $m \leq m(i)$ gilt, ist die Wahrscheinlichkeit, daß x in Schritt (8) ausgegeben wird, mindestens

$$\frac{1}{2} \cdot \Big(\sum_{\substack{i \in N_0 \\ m(i) < |x|}} \delta(i) \cdot \gamma_i'(x) \Big).$$

Weiter ist für alle x die Wahrscheinlichkeit dafür, daß x in Schritt (10) ausgegeben wird,

$$\frac{1}{2} \cdot \delta(|x|) \cdot \frac{1}{2^{|x|}}.$$

Daraus folgt, daß für alle x die Wahrscheinlichkeit $\tau(x)$, daß x ausgegeben wird,

$$\tau(x) \geq \frac{1}{2} \cdot \left(\Big(\sum_{\substack{i \in N_0 \\ m(i) < |x|}} \delta(i) \cdot \gamma_i'(x) \Big) + \delta(|x|) \cdot \frac{1}{2^{|x|}} \right)$$

beträgt. Damit ist Behauptung 3 bewiesen.

Behauptung 4:
Es gibt eine Dichte δ auf $I\!N_0$ mit $SUP(\delta) = I\!N_0$, für die eine Münzwurf-Maschine M und ein $c > 0$ existiert, so daß M bei Eingabe ε die Ausgaben der Form 1^i, $i \in I\!N_0$, mit Wahrscheinlichkeit $\delta(i)$ in maximal $c \cdot i + c$ Schritten generiert.

Die von folgendem Algorithmus generierte Dichte hat die behaupteten Eigenschaften.

Algorithmus 5.23

BEGIN	*(1)*
Wähle $b \in \{0,1\}$ zufällig per Münzwurf;	*(2)*
Setze $i = 0$;	*(3)*
WHILE $b = 1$	*(4)*
Setze $i = i + 1$;	*(5)*
Wähle $b \in \{0,1\}$ zufällig per Münzwurf;	*(6)*
Gib 1^i aus;	*(7)*
END	*(8)*

Offensichtlich ist die Laufzeit $O(i)$, und alle 1^i, $i \in I\!N_0$, werden mit positiver Wahrscheinlichkeit ausgegeben.

Behauptung 5:
Sei τ eine Dichte, die die Bedingungen der 3. Behauptung erfüllt. Für alle Dichten μ, die in quadratischer Zeit von einer Münzwurf-Maschine mit nur einem Arbeitsband generiert werden, gibt es dann eine Konstante $d > 0$, so daß für alle $x \in \Sigma^*$ gilt:

$$d \cdot \tau(x) \geq \mu(x).$$

Somit begrenzt τ insbesondere alle in quadratischer Zeit generierbaren Dichten polynomiell.

Offensichtlich ist $\tau(x) > 0$ für alle $x \in \Sigma^*$. Da es zu allen Dichten γ, die in quadratischer Zeit von einer Münzwurf-Maschine mit nur einem Arbeitsband generiert werden können, gemäß Behauptung 2 ein $i \in I\!N_0$ und $N \in I\!N_0$ gibt, so daß $\gamma(x) = \gamma_i'(x)$ für alle $|x| \geq N$ gilt, folgt nach Behauptung 3 für alle $|x| \geq \max\{m(i) + 1, N\}$:

$$\tau(x) \geq \frac{1}{2} \cdot \delta(i) \cdot \gamma_i'(x) = \frac{1}{2} \cdot \delta(i) \cdot \gamma(x).$$

Für die Menge der x mit $|x| < \max\{m(i) + 1, N\}$ gibt es eine Konstante d mit $\tau(x) \geq d \cdot \gamma(x)$, da $\mathcal{SUP}(\tau) = \Sigma^*$.

Behauptung 6:
Sei $L_1 \in NP$, $\mu \in Vgen(Pol, \mathcal{F})$. Dann gibt es ein $L_2 \in NP$ und eine Dichte γ, die von einer deterministischen Turingmaschine mit nur einem Arbeitsband in quadratischer Zeit generiert werden kann, derart, daß es eine Polynomzeitreduktion bezüglich R von (L_1, μ) auf (L_2, γ) gibt.

Sei $t \geq 2$ so gewählt, daß μ in Zeit $|x|^t + t$ von einer Münzwurf-Maschine M mit nur einem Arbeitsband generiert wird. Man beachte dabei, daß jede Dichte, die in polynomieller Zeit von einer Münzwurf-Maschine mit mehr als einem Arbeitsband generiert wird, gemäß dem aus der klassischen Komplexitätstheorie bekannten Satz über die Simulation von Mehrbandmaschinen durch Einbandmaschinen auch in polynomieller Zeit von einer Münzwurf-Maschine mit nur einem Arbeitsband generiert werden kann. (Siehe Satz 4.2.)

Setze $L_2 = \{x01^c : c = |x|^t + t - |x| - 1 \text{ und } x \in L_1\}$ und

$$\gamma(y) = \begin{cases} \mu(x) & \text{falls } y = x01^k \text{ und } |x|^t + t = |y|, \\ 0 & \text{sonst.} \end{cases}$$

Weiter sei $f(x) = x01^c$, wobei $c = |x|^t + t - |x| - 1$. Dann ist $f(x) \in L_2$ genau dann, wenn $x \in L_1$, und offensichtlich kann f in P-Zeit von einer deterministischen Turingmaschine berechnet werden. Darüber hinaus gilt

$$|x| = |y| \iff |f(x)| = |f(y)|,$$

und f ist injektiv. Es gilt sogar

$$\gamma = \mu_f.$$

Da R glatt ist, folgt daraus, daß f eine Polynomzeitreduktion bezüglich R ist.

Weiter ist $L_2 \in NP$ und γ kann wie folgt in quadratischer Zeit generiert werden. Dazu betrachte man zunächst folgenden Algorithmus, der von einer Turingmaschine

T mit zwei Arbeitsbändern ausgeführt wird:

Algorithmus 5.24

BEGIN	*(1)*
Starte M an Eingabe ε auf dem zweiten Arbeitsband; sei x das Ergebnis der Berechnung;	*(2)*
Berechne auf dem ersten Arbeitsband $1^{|x|^t + t}$ *und überschreibe die ersten* $|x| + 1$ *Bandfelder mit* $x \circ 0$*;*	*(3)*
Ausgabe ist der Inhalt des ersten Arbeitsbandes;	*(4)*
END	*(5)*

Der Algorithmus gibt nur Ausgaben der Form $y = x01^c$ mit $c = |x|^t + t - |x| - 1$ aus und macht dabei $O(|x|^t + t) = O(|y|)$ Schritte. Analog dem Beweis zum zweiten Teil des Bandreduktionssatzes 4.2 läßt sich zeigen, daß es eine Münzwurf-Maschine $\tilde{T}$ mit nur einem Arbeitsband gibt, die die gleiche Dichte generiert, dabei aber nur ebensoviele Münzwürfe wie T macht und in Zeit $O(|y|^2)$ in Abhängigkeit von der Ausgabe rechnet. Somit macht $\tilde{T}$ nur $O(|y|)$ viele Münzwürfe in Abhängigkeit von der Ausgabe. Benutzt man den Beweis zum Satz über lineare Beschleunigung 4.3, so kann man zeigen, daß es dann eine Münzwurf-Maschine gibt, die nur $2 \cdot |y|^2$ Schritte bei fast allen Ausgaben y benötigt. Dabei ist wichtig, daß die Zahl der Münzwürfe nur $O(|y|)$ beträgt, da diese Schritte in der Berechnung von $\tilde{T}$ nicht beschleunigt werden können. (Darüber hinaus beachte man, daß bei Anwendung der Technik der linearen Beschleunigung zunächst die Ausgabe y in komprimierter Form in Zeit $|y|^2$ für fast alle Ausgaben y berechnet wird. Dann wird aus dieser komprimierten Form die korrekten Ausgabe berechnet. Dazu sind für fast alle Ausgaben y wiederum nur $|y|^2$ Schritte nötig. Somit ist die Gesamtlaufzeit durch $2 \cdot |y|^2$ für fast alle Ausgaben y beschränkt.) Damit ist Behauptung 6 bewiesen.

Sei im folgenden $< \cdot, \cdot >$ eine in polynomieller Zeit berechenbare und invertierbare Pairing-Funktion, und sei

$$\rho(y) = \begin{cases} \frac{c'}{|M|^2 \cdot 2^{|M|}} \cdot \frac{1}{k^2} \cdot \tau(x) & \text{falls } y = < M, x01^k > \text{ und } M \text{ Kodierung einer} \\ & \text{nichtdeterministischen Turingmaschine ist,} \\ 0 & \text{sonst,} \end{cases}$$

eine Dichte auf Σ^*. Dabei ist τ die in Behauptung 3 bezeichnete Dichte und c' die Normierungskonstante. Bei geeigneter Wahl der Kodierung für die nichtdeterministischen Turingmaschinen ist $\rho \in Vgen(Pol, \mathcal{F})$, da $\tau \in Vgen(Pol, \mathcal{F})$ gilt. (Eine solche geeignete Kodierung erhält man zum Beispiel folgendermaßen: Ist $\{T_i\}_{i \in N_0}$ eine rekursive Aufzählung von Kodierungen aller nichtdeterministischen Turingmaschinen und ist G eine deterministische Turingmaschine, die bei Eingabe 1^i, $i \in I\!N_0$, in Zeit $s(i)$ genau T_i ausgibt, so kann man daraus eine rekursive Aufzählung aller nichtdeterministischen Turingmaschinen in einer anderen Kodierung konstruieren, so daß die Kodierungen der nichtdeterministischen Turingmaschinen in polynomieller Zeit in Abhängigkeit von der Ausgabelänge generiert werden können. Dazu wird die i-te nichtdeterministische Turingmaschine statt durch T_i durch den String $T_i' = T_i 10^{s(i)}$ kodiert. Generiert wird diese Aufzählung folgendermaßen: Parallel wird bei Eingabe 1^i die Maschine G auf dem ersten Arbeitsband gestartet und auf dem zweiten Arbeitsband wird Protokoll über die Zahl der von G gemachten Schritte geführt. Hält G, so wird hinter die Ausgabe 10^t geschrieben, wobei t die Zahl der von G gemachten Schritte ist.)

Behauptung 7:
Ist $L \in NP$ und ist γ eine in quadratischer Zeit von einer Münzwurf-Maschine mit nur einem Arbeitsband generierbare Dichte, so gibt es eine Polynomzeitreduktion bezüglich R von (L, γ) auf (BH, ρ), wobei ρ die oben bezeichnete Dichte und BH die aus dem Beweis zu Satz 5.17 bekannte Sprache Bounded Halting *ist.*

Zu L gibt es eine nichtdeterministische Turingmaschine M_L, die L in Zeit $t + |\cdot|^t$ für ein geeignetes $t \geq 2$ akzeptiert. Setze für alle $x \in \Sigma^*$

$$g(x) = <M_L, x01^c>,$$

wobei $c = t + |x|^t - |x|$ ist. Es ist $g(x) \in BH$ genau dann, wenn M_L die Eingabe x in maximal $t + |x|^t$ Schritten akzeptiert. Dies gilt aber genau dann, wenn $x \in L$. Darüber hinaus ist

$$|g(x)| = |M_L| + 1 + t + |x|^t.$$

Somit gilt

$$|x| = |y| \iff |g(x)| = |g(y)|.$$

Außerdem ist g injektiv, und es gilt

$$\gamma_g(y) = \begin{cases} \gamma(x) & \text{falls } y = <M_L, x01^c> \text{ und } c = t + |x|^t - |x|, \\ 0 & \text{sonst.} \end{cases}$$

Da γ in quadratischer Zeit in der Länge der Ausgabe generierbar ist, ist γ_g ebenfalls in quadratischer Zeit generierbar: Sei dazu G die Münzwurf-Maschine mit nur einem Arbeitsband, die γ in quadratischer Zeit generiert.

Folgende Münzwurf-Maschine T generiert γ_g in linearer Zeit in Abhängigkeit von der Ausgabe, benutzt aber mehr als ein Arbeitsband. Zuerst wird M_L auf das erste Arbeitsband geschrieben, danach wird x mittels G generiert und

$$t + |x|^t - |x|$$

unär berechnet. Dies ist in Zeit $t + |x|^t - |x|$ möglich, da diese Funktion voll zeitkonstruierbar ist (siehe [28]). Dann wird hinter M_L und x der String 01^c mit $c = t + |x|^t - |x|$ geschrieben und die Pairing-Funktion auf diesen String angewandt. Dadurch ergibt sich eine Gesamtlaufzeit von maximal $O(|x|^t)$ Schritten. Die Ausgabe y hat aber Länge $|x|^t$. Somit ist die Laufzeit bei Ausgabe y durch $O(|y|)$ beschränkt.

Ebenso wie im Beweis von Behauptung 6 kann man die Techniken zum Beweis des Bandreduktionssatzes 4.2 und des linearen Beschleunigungssatzes 4.3 anwenden, um zu zeigen, daß aus der Existenz von T folgt, daß es auch eine Münzwurf-Maschine T' gibt, die γ_g in quadratischer Zeit generiert und dazu nur ein Arbeitsband benötigt.

Wir zeigen, daß ρ die Dichte γ_g polynomiell begrenzt. Nach Behauptung 5 gibt es eine Konstante $d > 0$, so daß für alle $x \in \Sigma^*$

$$d \cdot \tau(x) \geq \gamma(x)$$

gilt. Für $y = g(x)$ gilt $y = <M_L, x01^c>$ mit $c = t + |x|^t - |x|$. Daraus folgt für alle $y \in g(\Sigma^*)$

$$\begin{aligned}
\rho(y) \;&\geq\; d' \cdot \frac{1}{c^2} \cdot \tau(x) \\
&\geq\; d' \cdot \frac{1}{|x|^{2\cdot t}} \cdot \tau(x) \\
&\geq\; \frac{d'}{d} \cdot \frac{1}{|x|^{2\cdot t}} \cdot \gamma(x) \\
&=\; \frac{d'}{d} \cdot \frac{1}{|x|^{2\cdot t}} \cdot \gamma_g(y),
\end{aligned}$$

wobei d' eine geeignete (nur von M_L abhängige) Konstante ist. Somit begrenzt ρ die Dichte γ_g polynomiell.

Also ist g eine Polynomzeitreduktion von (L, γ) auf (BH, ρ). Damit ist Behauptung 7 bewiesen.

Gemäß Satz 5.2 ist die Hintereinanderausführung $g \circ f$ der Polynomzeitreduktionen g und f aus den Beweisen zu Behauptung 6 und 7 eine Polynomzeitreduktion von (L, μ) auf (BH, ρ). Darüber hinaus ist $BH \in NP$ und $\rho \in Vgen(Pol, \mathcal{F})$. Somit ist (BH, ρ) vollständig bezüglich R in $\mathcal{T}$. Damit ist die Behauptung des Satzes bewiesen. ∎

Analog zu obigem Beweis zeigt man die folgenden Sätze:

Satz 5.25 *Seien* $\mathcal{T} = \{(L, \mu) : L \in PSpace,\ \mu \in Vgen(Pol, \mathcal{F})\}$ *und R ein glattes schwaches average-case Modell. Dann gibt es ein Paar (L, μ), das vollständig bezüglich R in $\mathcal{T}$ ist.*

Zum Beweis dieser Aussage genügt es, Behauptung 7 des obigen Beweises so zu modifizieren, daß statt BH die Sprache BP, die in Gleichung (5.10) definiert wurde, und eine entsprechend veränderte Dichte ρ verwendet wird. (In der Definition von ρ stehen dann anstelle der nichtdeterministischen Turingmaschinen deterministische Turingmaschinen.)

Verwendet man statt BH in der 7. Behauptung des obigen Beweises die Sprache EBH und eine auf geeignete Weise veränderte Dichte ρ, so kann man den folgenden Satz zeigen:

Satz 5.26 *Sei $\mathcal{T} = \{(L,\mu) : L \in DExpTime, \quad \mu \in Vgen(Pol,\mathcal{F})\}$. Sei R ein glattes schwaches average-case Modell. Dann gibt es ein Paar (L,μ), das vollständig bezüglich R in $\mathcal{T}$ ist.*

Literaturverzeichnis

Zusätzlich zu den bisher erwähnten Arbeiten möchten wir nicht versäumen, auf neuere Resultate und weiterführende Literatur zum Thema average-case Komplexitätstheorie hinzuweisen.

Ergebnisse von Untersuchungen zum Reischuk-Schindelhauer Modell sind unter anderem in den Arbeiten [1], [2], [3], [21],[29], [31] und [32] zu finden. In [2] wird dabei ein Modell für eine average-Schaltkreiskomplexität entwickelt.

Neuere Arbeiten zum Levinsche Modell sind insbesondere in [12], [25], [33], [34], [35], [36], [37], [38] und [44] veröffentlicht.

[1] Christian Schindelhauer, Andreas Jakoby, Rüdiger Reischuk und Stefan Weis. The average case complexity of the parallel prefix problem. In: *Proc. of the 21th International Colloquium on Automata, Languages and Programming*, Seiten 593–604, 1994.

[2] Rüdiger Reischuk, Andreas Jakoby und Christian Schindelhauer. Circuit complexity: from the worst case to the average case. In: *Proc. of the 26th Annual ACM Symposium on Theory of Computing*, Seiten 58–67, 1994.

[3] Rüdiger Reischuk, Andreas Jakoby und Christian Schindelhauer. Malign distributions for circuit complexity. In: *Proc. of the Annual Symposium on Theoretical Aspects of Computer Science*, Seiten 628–639. Springer, 1995.

[4] Jay Belanger und Jie Wang. Average case intractability of some classical problems. Technischer Bericht CS-92-03, Department of Mathematics and Computer Science, Wilkes University, Wilkes-Barre, PA 18766, Mai 1992.

[5] Jay Belanger und Jie Wang. Isomorphisms of *NP* complete problems on random instances. In: *Proc. of the 8th Structure in Complexity Theory Conference*, Seiten 65–73, 1993.

[6] Jay Belanger und Jie Wang. Rankable distributions do not provide harder instances than uniform distributions. In: *Proc. of the First Annual International Computing and Combinatorics Conference.* Springer, 1995.

[7] Ingrid Biehl. Definition and existence of super complexity cores (extended abstract). In: *Proc. of 5th Annual International Symposium on Algorithms and Computation,* 1994.

[8] Ingrid Biehl und Johannes Buchmann. Introduction to theoretical cryptography. Vorlesungsmanuskript 1992.

[9] Andreas Blass und Yuri Gurevich. On the reduction theory for average case complexity. In: *CSL'90, 4th Workshop on Computer Science Logic,* Seiten 17–30. Springer LNCS, 1991.

[10] Andreas Blass und Yuri Gurevich. Randomizing reductions of search problems. In: *Proc. of Foundations of Software Technology and Theoretical Computer Science,* Seiten 10–24, 1991.

[11] Ronald V. Book und Ding-Zhu Du. The existence and density of generalized complexity cores. *Journal of the Association for Computing Machinery,* 34(3):718–730, Juli 1987.

[12] Jin-Yi Cai und Alan L. Selman. Fine separation of average time complexity classes. In: *Proc. of the 13th Symposium on Theoretical Aspects of Computer Science,* 1996.

[13] Ding-Zhu Du. *Generalized Complexity Cores and Levelability of Intractable Sets.* PhD thesis, Department of Mathematics, University of California at Santa Barbara, 1985.

[14] Michael R. Garey und David S. Johnson. *Computers and Intractability.* W.H. Freeman and Company, 1979.

[15] Oded Goldreich. Towards a theory of average case complexity (a survey). Technical Report TR-531, Computer Science Department, Technion, Haifa, Israel, März 1988.

[16] Yuri Gurevich. Matrix decomposition is complete for the average case. In: *Proc. of the 31th IEEE Symposium on Foundations of Computer Science,* Seiten 802–811, 1990.

[17] Yuri Gurevich. Average case completeness. *Journal of Computer and System Sciences,* 42(3):346–398, Juni 1991.

[18] Yuri Gurevich. Average case complexity. In: B. Monier J.L. Albert und M.R. Artalejo, Editors, *Proc. ICALP '91. Automata, Languagues and Programming. 18th International Colloquium*, Seiten 615–626. Springer LNCS510, 1991.

[19] John E. Hopcroft und Jeffrey D. Ullman. *Introduction to automata theory, languages and computation*. Addison-Wesley Publishing Company, Inc., 1979.

[20] Russell Impagliazzo und Leonid Levin. No better ways to generate hard *NP* instances than picking uniformely at random. In: *Proc. of the 31th IEEE Symposium on Foundations of Computer Science*, Seiten 812–821, 1990.

[21] Andreas Jakoby und Christian Schindelhauer. On the complexity of worst case and expected time in a circuit. In: *Proc. of the 13th Symposium on Theoretical Aspects of Computer Science*, 1996.

[22] David S. Johnson. The *NP*-completeness column. *Journal of Algorithms*, 5:284–299, 1984.

[23] Josep Diaz, José Balcázar und Joaquim Gabarró. *Structural Complexity I*. Springer Verlag, 1988.

[24] Josep Diaz, José Balcázar und Joaquim Gabarró. *Structural Complexity II*. Springer Verlag, 1990.

[25] Christoph Karg und Rainer Schuler. Structure in average case complexity. In: *Proc. of 6th Annual International Symposium on Algorithms and Computation*. Springer, 1995.

[26] Leonid Levin. Average case complete problems–extended abstract. In: *Proc. of the 16th ACM Symposium on Theory of Computing*, Seite 465, 1984.

[27] I. Nassi und B. Shneiderman. Flowchart techniques for structured programming. *SIGPLAN Notices*, 8(8):12–26, 1973.

[28] Karl Rüdiger Reischuk. *Einführung in die Komplexitätstheorie*. B.G. Teubner Verlag, 1990.

[29] Rüdiger Reischuk und Christian Schindelhauer. Precise average case complexity. In: *Proc. of the Annual Symposium on Theoretical Aspects of Computer Science*, Seiten 650–661. Springer, 1993.

[30] Rüdiger Reischuk und Christian Schindelhauer. Precise average case complexity. Technical report, Technische Universität Darmstadt, 1993.

[31] Christian Schindelhauer. Neue average-case Komplexitätsklassen. In: *Diplomarbeit, Technische Hochschule Darmstadt, Institut für Theoretische Informatik*, 1991.

[32] Christian Schindelhauer. *Average- und Median-Komplexitätsklassen.* Dissertation, Medizinische Universität Lübeck, 1995.

[33] Rainer Schuler. Average polynomial time is hard for exponential time under sn-reductions. In: *Proc. of the Foundations of Software Technology and Theoretical Computer Science Conference.* Springer, 1995.

[34] Rainer Schuler. Some properties of sets tractable under every polynomial-time computable distribution. *Information Processing Letters*, 1995.

[35] Rainer Schuler. Truth-table closure and turing closure of average polynomial time have different measures in exp. In: *Proc. of the 11th Annual IEEE Conference on Computational Complexity*, 1995.

[36] Rainer Schuler und Osamu Watanabe. Towards average-case complexity analysis of *NP* optimization problmes. In: *Proc. of the 10th Conference on Structure in Complexity Theory*, Seiten 148–159. IEEE Computer Society Press, 1995.

[37] Rainer Schuler und Tomoyuki Yamakami. Structural average case complexity. In: *Proc. of the Foundations of Software Technology and Theoretical Computer Science Conference.* Springer, 1992.

[38] Rainer Schuler und Tomoyuki Yanakami. Sets computable in polynomial time on average. In: *Proc. of the First Annual International Computing and Combinatorics Conference.* Springer, 1995.

[39] Oded Goldreich, Shai Ben-David, Benny Chor und Michael Luby. On the theory of average case complexity. In: *Proc. of the 21th Annual ACM Symposium on Theory of Computing*, Seiten 204–216, 1989.

[40] Oded Goldreich, Shai Ben-David, Benny Chor und Michael Luby. On the theory of average case complexity. *Journal of Computer and System Sciences*, 44:193–219, 1992.

[41] Ramarathnam Venkatesan. *Average Case Intractability.* Dissertation, Computer Science Department, Boston University, 1991.

[42] Ramarathnam Venkatesan und Leonid Levin. Random instances of a graph coloring problem are hard. In: *Proc. of the 20th ACM Symposium on Theory of Computing*, Seiten 217–222, 1988.

[43] Ramarathnam Venkatesan und S. Rajagopalan. Average case intractability of diophantine and matrix problems. In: *Proc. of the 24th ACM Symposium on Theory of Computing*, Seiten 632–642, 1992.

[44] Osamu Watanabe. Test instance generation for promised *NP* search problems. In: *Proc. of the 9th Structure in Complexity Theory Conference*, Seiten 205–216. IEEE Computer Society Press, 1994.

[45] H. S. Wilf. Some examples of combinatorial averaging. *American Mathematical Monthly*, 92:250–261, 1985.

Index